Vorwort

Früh am Morgen um den Nachwuchs gekümmert, dann raus zum Tagwerk, zwischendurch für die kranke Kollegin einspringen, auf dem Heimweg rasch einige Besorgungen machen, dann noch eben die Wäsche und die eine oder andere kleine Reparatur erledigen, aufräumen, und wieder viel zu spät ins Bett.

Wenn Sie darin Ihren Alltag erkennen, dann sind Sie schon perfekt auf Ihr neues Hobby eingestellt: Honigbienen sind Meister des Multitasking – und es sind alles Weibchen. Jedes Jahr bauen sie aus etwa 5000 Winterbienen einen Staat aus bis zu 50 000 Arbeiterinnen auf, der sich nur im Frühling und Frühsommer den Luxus einiger weniger Männchen leistet. Vom starren Karriereplan – von der Putzbiene bis hin zur Sammlerbiene – weichen sie ab, wenn es nötig ist.

Umso unverständlicher ist es, dass Frauen erst so spät das Imkern entdeckt zu haben scheinen – die Geschichte der Imkerei kennt viele berühmte Züchter, Erfinder und Entdecker, doch ihre Frauen scheinen nie hinter dem Entdeckelungstisch oder dem Marktstand hervorgekommen zu sein. Bestenfalls findet die „Imkerfrau" in der Einleitung oder in der Widmung Erwähnung oder gar Würdigung.

Doch seit gut zehn Jahren ist die Trendwende vor allem in der Stadtimkerei offensichtlich: Hier sind rund 30 % der Neulinge tatsächlich Imkerinnen. Ganz ohne dogmatischen Feminismus, sondern ganz pragmatisch profitiert diese neue Generation von den unbestreitbaren Errungenschaften der männlichen Vordenker und nutzt den Erfahrungsschatz für den eigenen Weg in die Imkerei.

Diese neuen Imkerinnen (und Imker) sind manchmal trotz eines geringeren Erfahrungsschatzes qualifizierter und informierter als die langjährig imkernden Vereinskollegen, die niemals etwas links und rechts von dem einst vom Imkerpaten erlernten Weg ausprobiert haben. Selbstbewusster als ihre Vorfahren diskutieren und gestalten sie in vielen deutschen Großstädten eine lebendige Imkerszene und übernehmen Verantwortung in den imkerlichen Vereinen und Verbänden.

Vorbei die Zeiten, in denen die „Imker-Frau" ihren imkerlichen Beitrag allenfalls beim Entdeckeln, Abfüllen und Etikettieren der Ernte ihres Ehemannes leistete – nun wird zurückgeimkert!

Doch Kämpfernaturen in Sachen Geschlechterkampf findet man unter den neuen Imkerinnen eher selten. Es geht nicht etwa darum, nun zu zeigen, dass frau es besser kann. Tatsächlich zeigen sich die neuen Imkerinnen zurückhaltend und hinterfragen eher: Jetzt schon gegen die Varroa-Milbe behandeln oder den Bienen doch noch lieber etwas Ruhe gönnen? Haben die Bienen noch genug Platz? Selbst alther-

Melanie von Orlow

Die Imkerin

62 Fotos
4 Grafiken

gebrachte Standards wie Absperrgitter und das Brechen von Weiselzellen zur Schwarmverhinderung werden infrage gestellt. Etwas in den
Hintergrund treten dabei die traditionellen Werte wie Honigertrag und
Schwarmträgheit. Ein wenig Honig für den eigenen Tisch, etwas Wachs
für das eine oder andere Präsent – das genügt den meisten Imkerinnen.

So ist das Herantasten an „den Bien" (der historische Begriff für das
Bienenvolk) die Herausforderung, die die neue Generation von Imkern
und Imkerinnen reizt. Obwohl jedes Jahr neue Bücher und Publikatio-
nen über Bienen und Imkerei erscheinen und Honigbienen zu den am
besten erforschten Insekten gehören, bleibt der Bien uns ein Rätsel.
Aber ein Rätsel, das wir auf Balkon, Garten oder dem Dach – ganz ohne
Studienabschluss und teure Laborausstattung – erforschen können.
Nun knobeln wir Frauen mit!

„Da hab ich was Eigenes!"

FRAU HOPPENSTEDT,
„DAS JODELDIPLOM" VON LORIOT

Warum Bienen?

In diesem Buch soll das Augenmerk auf die
Imkerin und ihre Bedürfnisse gerichtet werden.
Es richtet sich vor allem an die Einsteigerin.
Doch ist es kein klassisches Einsteiger-Buch, das
den Anspruch erhebt, alle Aspekte der Imkerei
abzudecken. Es soll jedoch helfen, bereits zu
Beginn die richtigen Weichenstellungen vorzu-
nehmen, um sich aus der unüberschaubaren Viel-
falt der verfügbaren Methoden, Materialien und
Meinungen die passenden herauszupicken.

Warum ist die Imkerei ideal für Frauen?

Die Begeisterung für Bienen findet oft schon bei Hummeln oder Wildbienen ihre Befriedigung. Wer einen Garten hat, in dem sich Mäuse wohlfühlen, hat oft auch Hummeln zu Gast. Manchmal nisten sie Jahr für Jahr in der gleichen Ecke, und der gelegentliche Blick auf das gemächliche Fluggeschäft genügt an „Bienengeschehen" im Garten.

Nisthilfen für Wildbienen haben in den letzten Jahren zunehmenden Absatz gefunden, obwohl leider viele der in Bau- und Supermärkten angebotenen Modelle untauglich sind. Wer an geeigneten (meist selbst gebauten) Nistwänden bewundern kann, wie rege das Treiben der einzelgängerischen und vielgestaltigen Bienen sein kann, wird sich an einen Bienenstand erinnert fühlen. Leider ist jedoch die Einsichtnahme in das wundersame Treiben in den Nistgängen beschränkt. Selbst der Einblick in Schaunisthilfen mit Plexiglasfenstern kann manchmal den Hunger nach mehr nicht stillen.

Hinzu kommt, dass das Treiben oft ein jähes Ende findet, denn die Lebenszeit von Hummeln und Solitärbienen ist sehr begrenzt. Schon nach wenigen Monaten kehrt wieder Ruhe ein und manchmal ist das eben etwas zu ruhig. Mit Honigbienen ist hingegen zwischen März bis Ende Oktober immer etwas zu tun und dennoch sind sie pflegeleichter als Wellensittich, Hund und Katze.

BIENEN SIND FLEXIBEL

Kein Gassigehen zu festen Zeiten, kein Bedarf an einem „Bienen-Sitter" zur Ferienzeit – Bienen machen alles allein. Imkerin oder Imker müssen nichts zwingend zu einem bestimmten, klar definierten Zeitpunkt im Jahr tun.

Es lohnt sich jedoch, den gelesenen oder von erfahreneren Imkern gehörten Ratschlägen Aufmerksamkeit zu schenken. Nach etwas Zeit und Praxis können Sie sich dann lobend auf die Schulter klopfen, wenn Sie wenigstens die Hälfte der als sinnvoll erkannten Eingriffe pünktlich geschafft haben.

Doch auch wenn nicht: die Bienen nehmen es Ihnen in der Regel nicht krumm – allenfalls die Nachbarn, weil ein Schwarm im Garten hängt. Letztendlich entscheiden Sie mit Ihrer Wahl des Haltungssystems, wie intensiv Sie imkern wollen und können. Damit fügen sich Bienen in das stressige Leben von Familien- als auch Topmanagerinnen ein, ohne dabei selber Stressor zu werden – sofern die Imkerin nicht durch ihre eigenen Ansprüche einen aus ihnen macht.

BIENEN SIND LEHRREICH

Nicht nur, dass Sie das aus Büchern und Filmen erlernte Wissen über Bienen in 3-D und in Farbe real erfahren können – Bienen leisten auch einen Beitrag zur Selbsterkenntnis. Sie können sie nicht mit Leckerlis und Gassigehen bestechen, noch können Sie ihre Zuneigung in irgendeiner Form erwerben. Sie können sie nicht zähmen und formen – und dennoch können Sie mit ihnen kooperieren. Sie können einen Deal mit ihnen eingehen, dessen Grenzen beide abstecken und die zumindest von Seiten der Bienen nicht verhandelbar sind.

Professor Dr. Randolf Menzel, ein bekannter Neurobiologe, sieht in der Honigbiene die neuronal höchste Entwicklungsstufe, die die Urmünder (sog. „Protostomier", z. B. Krebse, Gliederfüßer) erreicht haben, während wir Menschen diesen Platz bei den Neumündern

(„Deuterostomier", z. B. Wirbeltieren) einnehmen. Sozusagen Auge in Auge stehen sich damit zwei hochentwickelte Wesen gegenüber, und zumindest wir erkennen in den Bienen ein irgendwie ebenbürtiges Geschöpf.

Bienen fordern einen Respekt, an dem frau sich reiben, aber auch wachsen und entwickeln kann. Hektische und leistungsorientierte Menschen werden mit Grenzen konfrontiert, die sich nur mit Gelassenheit meistern lassen. Eher unorganisierten und chaotischen Bienenhaltern erlegen die Bienen einen ordnenden Rahmen auf, doch wer sich übervorsorglich oft um seine Bienen kümmert, muss manchmal bitter lernen, dass viel nicht viel hilft.

Die Beobachtung feinster Veränderungen, sei es auf dem Flugbrett oder beim Blick von oben in die Wabengassen oder von hinten durch ein Sichtfenster, eröffnen den Weg in eine feine, kaum wahrnehmbare Kommunikation – eine Sprache, die ein Leben lang erlernt und ständig geübt werden muss.

BIENEN SIND EINE HERAUSFORDERUNG

Kein Jahr ist wie das vorausgegangene. Veränderungen im Weltklima und die Wanderungen neuer Parasiten zwingen Imker und Imkerinnen zur ständigen Fort- und Weiterbildung. Kaum haben sie einen Aspekt halb-

Durch die Beobachtung eines Bienenvolks können Sie viel lernen.

Rähmchen kann man heute fix und fertig kaufen. Hier haben die Bienen bereits die an einem Wachs-streifen angebaute Wabe mit Honig gefüllt.

wegs gemeistert, entsteht auf anderer Seite neuer Handlungsbedarf. Schulungen, eigene Erfahrungen und neue Erkenntnisse bewahren einen fast kindlichen Spiel- und Forschungsdrang bei Imkern und Imkerinnen, die sich in diesem Umfeld neu entfalten können. Frauen, die sich privat oder beruflich im Stillstand verharrend empfinden, können sich hier autark oder in ausgewählter Gesellschaft neu entdecken.

BIENEN ZU HALTEN IST NICHT SCHWER

Vor einigen Jahrzehnten mussten die Beuten selbst gebaut und das Imkerwissen von Mund zu Mund weitergegeben werden. Als Beuten bezeichnet man die Behausung der

Bienen, die bei vielen Systemen nach dem Baukastenprinzip zusammengestellt werden kann. Heute gibt es eine Vielzahl ausgefeilter Haltungs- und Beutensysteme, die über eine ebenso große Vielfalt an Läden und Internetshops vertrieben werden.

Und inzwischen haben sogar die Imker begriffen, dass Bandscheiben und Muskulatur einer gewissen Alterung unterliegen. Die Verwendung von Hilfsmitteln und leichteren Beutensystemen ist daher kein Zeichen der Schwäche, sondern eins von Weitsicht und Weisheit. Davon profitieren auch die Frauen, die sich körperlich besser zu bewältigende Haltungssysteme wünschen.

Eine Imkerin muss sich heutzutage weder eine Standbohrmaschine und Oberfräse zulegen, noch rasch die Women's-Day-Kurse im nächst gelegenen Baumarkt buchen. Nicht einmal das traditionelle Drahten von Rähmchen, mit dessen Perfektion sich ganze Generationen von Imkern beschäftigt hatten, ist heute noch erforderlich. Man kann inzwischen fertig gedrahtete und geöste Rähmchen kaufen. Andere Beutensysteme stellen sogar die Errungenschaft des Rähmchens infrage oder verzichten auf die Drahtung.

Nun steht die angehende Imkerin vor dem Problem der Systemwahl. Eine wachsende Zahl von Haltungs- und Behandlungs-Systemen drängt auf einen wild wachsenden Markt, der offenbar auch Glücksritter mit wohlfeilen Versprechungen angelockt hat. Ob die ultimative Varroa-Behandlung oder das „natürlichste" Haltungssystem – für alle Aspekte in der Imkerei gibt es „komplett neu entwickelte", „einmalige" (und meist sehr teure) Lösungen.

Limitierende Faktoren sind allenfalls Geld und Platz. Von Ersterem möchte der Imkereifachhandel angesichts der kleinen Stückzahlen des Imkergeräts nicht zu wenig und von Letzterem hat die städtische Imkerin in der Regel nicht zu viel.

Zum Glück sind Bienen nicht sehr anspruchsvoll und arrangieren sich mit nahezu allem, was man ihnen bietet. Selbst auf zugigen Dächern oder an Balkonbrüstungen gehängt können sie sich häuslich einrichten. Dennoch wird es sich nicht vermeiden lassen, dass man und frau im Lauf der Zeit einen Haufen Kram kaufen, der später kaum noch Verwendung findet.

Daraus resultiert der grundsätzliche Tipp für die Einsteigerin, sich vor jedem Kauf zu überlegen, ob sie bereit wäre, den Kaufpreis auch aus dem zehnten Stock zu werfen. Ist das nicht der Fall, sollte sie von dem Kauf Abstand nehmen – der wirklich erforderliche Bedarf ist überschaubar und zeigt sich erst in der Praxis.

BIENEN ZU HALTEN SCHAFFT KONTAKTE

Nach jahrzehntelangem Niedergang der größtenteils im Deutschen Imkerbund e. V. (D.I.B.) organisierten Freizeitimker-Vereine hat die Kehrtwende inzwischen auch den ländlichen Raum ergriffen. Das Klischee der Altherrenvereine stirbt allmählich aus und insbesondere in den Städten sind Vereinsabende wertvolle Schulungsveranstaltungen und weit mehr als bierselige Skatrunden oder hitzige Fachdiskussionen, denen 99 % der Anwesenden nicht mehr folgen können.

Das ist nicht zuletzt auch das Verdienst von Frauen, die in den Vereinen immer häufiger Verantwortung übernehmen. Es gelingt Ihnen eher eine Plattform zu schaffen, auf der auf gleicher Augenhöhe diskutiert werden kann, ohne Rivalitäten zu großen Raum zu geben. Das Teilen ihrer Erfahrungen und ihrer Begeisterung erleben nicht nur Imkerinnen als Bereicherung auf dem Weg zu „ihrer" Bienenhaltung.

Doch nicht nur klassische Imkervereine, sondern auch lose Gruppierungen, Foren-Gemeinden und WhatsApp-Gruppen können beim „Imkerin-werden" begleiten. Diese Vielfalt an Kommunikationswegen stellt jedoch auch eine Herausforderung dar, insbesondere bei der Auswahl wichtiger Informationen. Da lohnt es sich umso mehr, verschiedene Quellen anzuzapfen – ob Imkerpaten, Vereinsabende, Fachberater oder Foren. Allerdings kann das, was in einer Region eine bewährte und gelebte Praxis ist, andernorts versagen.

BIENEN SIND FAMILIENFREUNDLICH

Viele Aspekte in der Bienenhaltung sind vergleichsweise einfache, manuelle Tätigkeiten, für die sich gerade die Jüngsten sehr begeistern können. Da dürfen zunächst Drahtung

In Vereinen oder bei Seminaren lernen Sie schnell Gleichgesinnte kennen.

eingefädelt, Wabenhonig zerstampft oder Milben aussortiert werden. Etwas später, wenn Hammer und Tacker kein Sicherheitsrisiko mehr sind, dürfen Rähmchen gebaut und Waben entdeckelt werden. Dabei lohnt es sich, gerade den Nachwuchs frühzeitig zu den Bienen mitzunehmen. Es ist immer wieder erstaunlich, wie schnell Kinder die Königin entdecken oder die kaum erkennbaren Eier im Wabengrund finden. Selbst in der Babyschale – mit einem darüber gespannten Kinderbettlaken oder Insektenschutznetz – können sie oft problemlos „mitimkern". Allenfalls in der fremdelnden Krabbelkindphase müssen die Bienen zurückstehen – aber auch das ist möglich, ohne das Hobby gleich aufzugeben.

BIENEN ZU HALTEN IST ANSTECKEND

Was als eigenes und originelles Hobby begonnen hat, kann schnell Funken schlagen, die bei Nachbarn, Freunden oder dem Partner zünden. Manchmal sind es bestimmte Aspekte wie zum Beispiel der Bau eines Bienenhauses oder der Ruf nach Hilfe beim Schleudern, die das Interesse wecken. Dann kann das Hobby bald zu einem Familienunternehmen werden. Zum Glück lässt es sich wunderbar teilen, und so kann die intensiv bewirtschaftete Magazinbeute direkt neben der nach Mondphasen betreuten, biodynamischen Bienenkiste stehen, ohne dass man sich ins Gehege kommt.

Vor Beginn Ihres Einstiegs in das neue Hobby sollten Sie ein paar Rahmenbedingungen überprüfen: Weder Sie noch Ihre Familie sollten von einer (zum Glück sehr seltenen) Insektengift-Allergie betroffen sein. Je nach Studie sind um die 3 % der Bevölkerung von dieser Allergie betroffen. Da sie ohne Vorwarnung kommt und geht, aber im Stichfall tödlich verlaufen kann, sollten Sie sich die Zeit für einen Allergietest nehmen. In der Regel erfolgt der Test in Spezialsprechstunden im Krankenhaus.

Die Allergie lässt sich allerdings gut behandeln – das sollte aber vor dem Einstieg in die Imkerei geschehen. In engen Bebauungen, in denen die Aufstellung der Bienen auch den Nachbar betreffen kann, sollten Sie auch ihn in die Überlegung einbeziehen, bevor Sie die ersten Bienenkästen aufstellen.

„Nach Gefühl – eine Hausfrau hat das im Gefühl ..."

AUS „SZENEN EINER EHE – DAS EI"
VON LORIOT

Wie werde ich Imkerin?

Wer die Imkerei nun nicht gerade über die
Familie „mit dem Löffel gefressen hat", kommt
in der Regel auf verschlungenem Pfad zu diesem
Hobby. Oft sind es bestimmte Erlebnisse, die den
Wunsch nähren, sich eingehender mit Bienen zu
beschäftigen. Erlebnisse wie der Blick in einen
Schaukasten als Kind oder halb verschüttete Erin-
nerungen an den imkernden Onkel hinterlassen
ein gewisses Nagen.

Gelegentlich entsteht das Interesse auch aus dem beruflichen Umfeld oder aus einem anderen Hobby heraus – manche Imkerin von heute wollte nur die Bestäubung der eigenen Obstbäume sichern.

Häufig sind solche Interessen lange Zeit bewusst begraben worden. Vor den Zwängen von Ausbildung, Studium, Beruf und Familie erlauben es sich gerade Frauen oft nicht, diesem Thema Raum zu geben – vor allem nicht, wenn sie mit diesem oft eher absonderlichen

Wunsch in der Familie allein dastehen. Der Start wird außerdem durch die nicht unerheblichen Anfangsinvestitionen erschwert. Wenn das neue Hobby doch (noch) nicht in das Leben passt, kann man die Bienen nur schwer wieder verkaufen und erst recht nicht im Tierheim parken.

Wenn Sie sich mit der Imkerei beschäftigen möchten, sollten Sie daher einige Dinge berücksichtigen, bevor Sie den ersten Schritt wagen.

Nehmen Sie sich Zeit!

Lesen Sie viel. Der Markt bietet eine Fülle an Einsteigerbüchern und selbst viele etwas angestaubt anmutende Klassiker aus der Stadtbücherei sind eine lohnenswerte Lektüre.

Besuchen Sie Imker und Imkerinnen. Die meisten Vereine bieten regelmäßige Vereinsabende, die auch für Gäste zugänglich sind. Dort können Sie Kontakte knüpfen und sich erkundigen, ob es die Möglichkeit zum Besuch oder Mitimkern gibt – und wenn

es nur das Mithelfen beim Schleudern ist. Manche Vereine bieten Schnupperwochenenden und Einführungsveranstaltungen an, in denen Sie praxisnahe Eindrücke von der Imkerei bekommen können.

Die Länderinstitute für Bienenkunde bieten – oft für vergleichsweise kleines Geld – Schulungen für Anfänger an. Es lohnt sich, solche Schulungen von verschiedenen Anbietern zu besuchen.

Überdenken Sie Ihre Ziele!

Je mehr Sie lesen und erfahren, desto unübersichtlicher kann Ihnen der Weg in die Imkerei erscheinen. Manchmal wird der einst klare Vorsatz immer weiter verwässert und die ambitionierte Einsteigerin hat den Eindruck, sich auf ein viel zu großes Projekt einzulassen. Aus dem einst einfachen Gedanken „Die Bienen machen ja alles alleine – ich gebe

ihnen nur ein Zuhause und bekomme ab und an etwas Honig" wird eine verkappte Ausbildung zur Lebensmitteltechnikerin, Juristin, Tischlerin, Elektroingenieurin und Veterinärin.

Notieren Sie daher beizeiten ihre Motivation für die Imkerei und hängen Sie sich diese paar Sätze gut sichtbar an den Spiegel, das Schwarze Brett, die Kühlschranktür oder neh-

Besuchen Sie möglichst viele Imker und Imkerinnen an ihrem Bienenstand.

men Sie den Zettel als Lesezeichen für die Imkerliteratur. Im gleichen Zuge sollten Sie auch eigene Ziele definieren:

> Welche Gefühle verbinden Sie mit Bienen (zum Beispiel Bewunderung, Anspannung, Neugierde ...)?

> Was erhoffen Sie sich vom Umgang mit Bienen (zum Beispiel Honig, Entspannung, bessere Obsternte, Spaß, Bewältigung von Ängsten, Menschen kennenlernen ...)?

> Was ist Ihnen beim Umgang mit Bienen wichtig (zum Beispiel möglichst wenige Eingriffe, Imkern ohne Handschuhe und Schleier, usw.)?

> Welche Größe streben Sie mit Ihrer Imkerei an (zum Beispiel reines Hobbyformat oder berufliche Perspektive)?

> Welche Bienenprodukte sind Ihnen wichtig (zum Beispiel Honig, Wachs, keins ...)?

> Wie viel Platz und Zeit wollen Sie ihren Bienen einräumen? Wie viel Platz und Zeit gestehen Ihnen Ihre Mitmenschen für Ihr neues Hobby zu?

Diese Ziele werden mit wachsendem Informationsstand eine zunehmende Verfeinerung erfahren; wenn es zunächst also eine etwas chaotische Stichwortsammlung wird, dann ist das auch in Ordnung. Spätestens in der Praxis werden sich die Ziele herausbilden.

Intensiv oder extensiv?

Häufig (wenn auch nicht immer) zeigt sich in der persönlichen „Motivations und Zielde-finition" schon ein gewisser Grundtenor. Auf einer breiten Skala lassen sich an den Enden zwei Extreme finden – die intensive und die extensive Imkerei.

INTENSIVE IMKEREI

Bei der intensiven Imkerei ist die zeiteffiziente Bearbeitung der Völker unter Einsatz maschineller Hilfsmittel möglich und wird auch oft praktiziert. Honigertrag und Eigenschaften der Völker sind wichtige Faktoren, die zu ihrer

Bewertung herangezogen und durch Eingriffe optimiert werden (zum Beispiel durch häufiges Austauschen der Königinnen). Die Volksentwicklung kann unter Verwendung aller verfügbaren Methoden beeinflusst werden (zum Beispiel Schwarmverzögerung durch Flügelschneiden oder Brechen der Schwarmzellen, Brutablegerbildung, usw.).

Die intensive Imkerei geht in der Regel mit Mobilbauweisen und hohem Einsatz von vorgefertigten Wachs-Mittelwänden einher. Die Völkervermehrung erfolgt gegebenenfalls auch außerhalb der normalen Vermehrungszeit unter Verwendung aller möglichen Tech-

Bei der extensiven Imkerei dürfen die Bienen ihre Waben bauen, wie sie wollen.

INTENSIVE ODER EXTENSIVE IMKEREI?

Der kleine Test soll Ihnen helfen, Ihre Ausrichtung zu finden. In jeder Reihe finden Sie zwei gegensätzliche Aussagen. Kreuzen Sie an, mit welcher Sie sich eher identifizieren können.

A	Zustimmung A	Weiß nicht	Zustimmung B	B
Ich möchte Waben bewegen, einsehen und zeigen können.				Ich möchte eher durch ein Fenster oder das Flugbrett zuschauen. Der Zugang zum Wabenbau ist mir nicht so wichtig.
Ich möchte die Möglichkeit haben, die Königin finden, zeichnen und austauschen zu können.				Ich freue mich, wenn ich die Königin sehe. Ich benötige jedoch keine weiteren Eingriffsmöglichkeiten.
Ich möchte auch größere Mengen Honig mithilfe einer Schleuder ernten können.				Ich möchte keinen oder nur kleine Mengen Honig (zum Beispiel nur für den Eigenverbrauch) ohne Großgerät ernten.
Ich möchte Völker durch Teilung des Wabenbaus vermehren können.				Ich möchte Völker über den natürlichen Schwarmtrieb oder gar nicht vermehren.
Ich möchte zeiteffizient größere Völkerzahlen bearbeiten können.				Ich möchte nur wenige Völker halten, und der Zeitbedarf pro Volk ist mir nicht so wichtig.
Ich möchte mit den Bienenvölkern wandern oder sie häufiger umziehen.				Ich möchte die Bienen nicht oft versetzen.
Imkern ist für mich ein Kompromiss aus meinen Bedürfnissen und denen der Bienen. Ich möchte die Möglichkeit haben, steuernd in die Volksentwicklung einzugreifen (zum Beispiel durch Schwarmverhinderung).				Ich betrachte mich eher als Quartiergeber. Das Tun und Lassen des Biens hat absoluten Vorrang, auch wenn das für mich mit Nachteilen verbunden ist (kein Honigertrag infolge Abschwärmens, Verlust des Bienenvolks).
Ich könnte mir eine Imkerei nach Bio-Richtlinien vorstellen, mag mich aber noch nicht festlegen. Hilfsmittel wie das Absperrgitter will ich nicht ausschließen.				Ich tendiere zur Imkerei nach schärferen Bio-Richtlinien (zum Beispiel Demeter) und möchte naturferne Hilfsmittel wie zum Beispiel Absperrgitter nur minimal oder gar nicht einsetzen.

Auswertung

Zustimmung eher Spalte A   Sie wollen mit und an Ihren Bienen aktiv arbeiten und dafür alle Möglichkeiten nutzen können. Sie tendieren eher zur intensiven Imkerei.

Zustimmung eher Spalte B   Sie möchten eher den Bienen ihren Freiraum lassen und sie nicht zu stark beeinflussen. Sie tendieren eher zur extensiven Imkerei.

kein eindeutiges Ergebnis   Sie suchen die „goldene Mitte". Dieser Weg kann sehr unterschiedlich ausfallen. Für die Bienenbehausung sollten Sie sich eher an konventionellen Systemen mit mobilen Rähmchen orientieren. Damit lassen sich viele Ansätze aus der extensiven Imkerei umsetzen, während das umgekehrt oft schwierig ist.

niken (Königinnenzucht mittels Umlarven, Kunstschwarm, usw.). Kunstwaben und Bienenbehausungen aus Kunststoff werden eingesetzt. Chemische Varroazide (zum Beispiel Bayvarol) und der Schnitt der Drohnenbrut finden Anwendung.

Die künstliche Besamung zur gezielten Zucht kann genauso Bestandteil der intensiven Imkerei sein wie das Verstärken von Völkern durch Vereinigung, der Betrieb von Völkern mit mehreren Königinnen und der Bienenversand. Viele dieser Techniken sind empfohlene Standardmethoden in der konventionellen Imkerei. Einige sind jedoch in der Bio-zertifizierten Imkerei nicht zugelassen und andere werden allenfalls bei Berufsimkern Anwendung finden.

EXTENSIVE IMKEREI

Bei der extensiven Imkerei steht die Honigertragsleistung nicht im Vordergrund. Nur die gelegentliche Ernte für den eigenen Bedarf oder im kleinen Freundeskreis spielt eine Rolle. Zeiteffizienz (Zeitaufwand pro Volk oder Arbeitsgang) ist weniger bedeutsam, daher ist der maschinelle Einsatz weniger relevant – manche Imker verzichten sogar auf Schleuder und Smoker. Weiterhin erfolgt die Reduktion der Eingriffe auf das absolut Notwendige. Bieneneigene Schicksale wie

Schwarmabgang und Königinnenverlust werden als naturgegeben akzeptiert.

Die extensive Imkerei geht meist mit Stabilbauweisen im Naturwabenbau und einem geringen Einsatz von Mittelwänden einher. Bienenbehausungen aus Kunststoff und Hilfsmittel wie das Absperrgitter oder die Drahtung werden eher abgelehnt. Es wird eine möglichst naturnahe Bienenbehausung angestrebt.

Der Entfernung der Drohnenbrut zur Varroa-Bekämpfung steht man eher skeptisch gegenüber. Allenfalls organische Säuren wie Milchsäure oder experimentelle Verfahren wie Hyperthermie werden eingesetzt. Die Völkervermehrung findet zur Schwarmzeit zum Beispiel über den vorweggenommenen Schwarm statt.

Häufig werden bevorzugt alte Rassen wie die Dunkle Biene gehalten und Hybridzüchtungen wie die Buckfast-Biene abgelehnt. Viele Grundlagen für die Imkerei der Bio-Anbauverbände wie Demeter stammen aus der extensiven Bienenhaltung.

Die meisten Imker und Imkerinnen werden sich irgendwo dazwischen einordnen. Da jedoch insbesondere die Frage nach der richtigen Bienenbehausung entscheidend davon abhängt, an welchem Ende der Skala Sie Ihre Imkerei einordnen möchten, sollten Sie sich frühzeitig damit beschäftigen.

Tasten Sie sich heran!

Mit einer guten Motivation und klaren Zielen kann es in die Praxis gehen. Besonders hilfreich ist dabei das Mitimkern bei Imkern und Imkerinnen, die auf gleicher Wellenlänge arbeiten. Nutzen Sie die Gelegenheit, sich die Sie interessierenden Haltungssysteme in

der Praxis zeigen zu lassen. In der Regel ist so ein „Mitlaufen" bei einem Imker einfacher zu bewerkstelligen als auf einen Imkerpaten zu hoffen, der einen regelmäßig am Heimatstand besucht und betreut.

Gut ist es, wenn man eine Imkerin oder einen Imker findet, der auf gleicher Wellenlänge arbeitet.

DER PATE

Eine solche Dienstleistung ist heutzutage selten geworden, denn dafür braucht es erfahrene und qualifizierte Imker mit viel Zeit, Mobilität und Bereitschaft zur Wissensvermittlung – rare Exemplare nach dem jahrzehntelangen Niedergang der Imkerei. Inzwischen sind oft auch die verrenteten Imker reisefreudig und gut beschäftigt und sehen ihre Aufgabe im Alter nicht unbedingt darin, noch als Lehrmeister zu fungieren. Der allgemeine Wandel in der Vereinskultur und des Ehrenamts ist auch bei den Imkervereinen angckommen.

Manchmal hat das aber auch sein Gutes, denn so kann die angehende Imkerin frei und unbelastet wählen, ohne beständig auf den „Imkerpaten vom Dienst" verwiesen zu werden. Hinzu kommt, dass manche Imker in

ihrem Wissensstand stehen geblieben und dann wenig hilfreich sind. Dieser Stillstand ist übrigens unabhängig vom Alter und kann in allen Altersgruppen und Hierarchieebenen vorkommen.

Bitten Sie daher darum, per Telefon oder E-Mail von anstehenden Arbeiten in der Imkerei informiert zu werden und nutzen Sie möglichst viele der angebotenen Termine zum Mitmachen. In der Regel sind helfende Hände gerade bei den anstrengenden und eintönigen Arbeiten wie der Honigernte gern gesehen. So ein „Mitimkern" kann auch bei verschiedenen Imkern stattfinden und lässt sich in der Regel gut in den Alltag integrieren. Wer mehr Zeit investieren kann und möchte, kann sich auch um ein Praktikum bemühen, wobei jedoch in der Regel nur Berufsimker durchgehend Beschäftigung bieten können.

Es gibt die verschiedensten Haltungssysteme, doch die meisten sind nach dem Baukastenprinzip aufgebaut.

VIELFALT DER HALTUNGSSYSTEME

Ein weiteres Problem besteht darin, dass die Vielfalt an Haltungssystemen oft dazu führt, dass das bevorzugte System bei keinem Nachbarimker genutzt wird. Zudem raten die alteingesessenen Imker häufig davon ab und versuchen, die Einsteigerin gleich auf das „vereinsübliche" System zu verpflichten. Argumente wie „Inkompatibilität" oder „Damit kann dir niemand helfen" haben sicherlich ihre Berechtigung, sollten aber keine K.-o.-Kriterien sein.

Denn nie war es einfacher, auch ohne praktische Einweisung mit der Imkerei zu beginnen – inzwischen gibt es für nahezu jedes Haltungssystem passende Literatur, Websites, Foren und YouTube-Kanäle, sodass sich spezifische Fragen und Probleme schnell klären lassen. Zudem lassen sich viele Methoden problemlos übertragen, denn die zugrunde liegende Biologie der Honigbiene und ihrer Gegenspieler ändert sich nicht so schnell.

Wer die Biologie der Honigbienen verinnerlicht hat und die an nahezu jedem Bienenstand erlernbaren Basistechniken beherrscht (siehe folgende Kapitel), kann und sollte seinem Herzen folgen und sich auch ohne regional verfügbaren „Guru" in die unbekannten Gewässer wagen. Das Haltungssystem ist dabei nur das Schiff, das Sie mal schneller, mal schöner oder mal direkter an das vom Fluss vorgegebene Ziel bringen wird.

Vertrauen Sie dem Bien, der seit rund 25 Millionen Jahren auf einem sich wandelnden Planeten überlebt hat und das sogar, obwohl er vermutlich die letzten 7000 Jahre menschliche Pflegeversuche über sich ergehen lassen musste. Er wird Ihr wahrer Lehrmeister sein und vieles ausbügeln und wegstecken, was Sie ihm einbrocken. Keins der im Folgenden vorgestellten Haltungssysteme ist derart schlecht, dass Ihre Imkerei daran scheitern wird, aber vor allem für die Imkerin wird es mit dem richtigen System leichter sein.

DER RICHTIGE VEREIN

An dieser Stelle zeigt sich auch, ob Ihr Imkerverein wirklich der richtige ist – ein guter Verein wird Sie auf Ihrem Weg nach besten Kräften unterstützen, und Sie nicht beständig zum Wechsel überreden wollen. Ein guter Verein wird Ihnen Raum geben, Erfolge wie Misserfolge zu teilen und daran zu wachsen. Es ist übrigens nicht zwingend, einem Imkerverein beizutreten. Es ist jedoch schon aufgrund des normalerweise mit eingeschlossenen Versicherungsschutzes empfehlenswert. In der Regel findet man auch früher oder später Gleichgesinnte und so mancher Verein wurde in den letzten Jahren von unten nach oben umgekrempelt.

Betrachten Sie Ihre Entscheidung für ein Haltungssystem jedoch auch nicht als endgültig und gestehen Sie sich Ihr Recht auf Irrtum zu. Bevor das zweite Bienenvolk einzieht, sollten Sie Ihre Entscheidung einer gründlichen Prüfung unterziehen. Der Umzug der Bienen in ein neues Heim ist einfacher als das Erweitern der Imkerei mit einem persönlich „durchgefallenen" Haltungssystem – darüber werden Sie sich noch jahrelang ärgern!

„Mein Name
ist Lohse,
ich kaufe
hier ein!"

AUS DEM FILM „PAPPA ANTE PORTAS"
VON LORIOT

Was braucht die Imkerin?

Imkerei ist und bleibt ein Kompromiss. „Wesensgemäß" ist die Bienenhaltung eigentlich erst dann, wenn die Bienen acht Meter hoch oder höher in einem selbst gewählten hohlen Baum nisten dürfen. Schon in dem Moment, in dem wir sie auf den Boden holen, bringen wir den Bien in eine eigentlich feindliche Umwelt.

Bodenfeuchtigkeit, Ameisen, Mäuse und anderes Getier finden nun leichten Zugang zum Bienenvolk. In manchen Senken sammelt sich feuchte und kühle Luft und das Flugloch bekommt erst später Sonne, als es in luftiger Höhe der Fall wäre.

Andernorts, etwa auf Asphaltdächern, stehen die Bienen selbst nach Sonnenuntergang noch immer in einer „Wärmeglocke" und müssen viel Kraft in die Kühlung stecken. An

Balkonen angehängt haben Sie manchmal mit starken Böen zu kämpfen und an vielen Ständen stehen die Völker in Reih und Glied und in großer Zahl, sodass Verfliegen und Konkurrenz untereinander Alltag sind.

So haben wir den Bienen schon bei der Aufstellung die ersten Probleme eingebrockt, die sie vor allem aufgrund ihrer großen Anpassungsfähigkeit meistern. Für den Rest müssen Sie als Imkerin sorgen.

Wohin mit den Bienen?

Bienenvölker brauchen weder Gehege noch Auslauf. Ihr „Auslauf" ist der Flugradius von etwa drei bis fünf Kilometern rund um ihren Nistplatz. Hier suchen sie zielsicher und finden, was sie brauchen: zuckerreichen Nektar, eiweißreichen Pollen, Wasser und Propolis, ein von Knospen gesammeltes, harziges Material mit antibiotischen und fungiziden Eigenschaften, das zum Abdichten der Bienenwohnung genutzt wird.

Bienen sind in freier Natur also nicht besonders wählerisch und beziehen auch mit Asbest verseuchte Dächer, verrußte Schornsteine und staubige Dachkästen. Sie mögen es gern hoch, sonnig und ausreichend groß – so um die 42 Liter Volumen sind ihnen am liebsten.

Für die Imkerin hingegen braucht es einen gut erreichbaren Standort, am besten mit Wasser- und Stromanschluss in der Nähe. Etwas Schatten um die heiße Mittagszeit und eine gut erreichbare Wasserquelle gefallen dann auch den Bienen. Eine besondere Ausrichtung des Fluglochs ist nicht zwingend. Sind die Bienen jedoch schon früh am Morgen am Flugloch besonnt, dann fliegen sie früher aus als ihre schattig aufgestellten Kolleginnen.

Die Bienen sollten etwas erhöht aufgestellt werden, damit die Bearbeitung auf angenehmer Höhe stattfinden kann. Die richtige Höhe ist nicht immer leicht zu finden, da die häufig gewählten Oberbehandlungsbeuten übereinandergestapelt werden und die Honigräume dann über Kopf zu bewegen sind. Dazu können alte Holzpaletten genutzt werden. Dauerhafter sind natürlich richtige Böcke, etwa aus höhenverstellbaren Metall-Gerüstfüßen.

Bei der Aufstellung sollten Sie mit der Wasserwaage prüfen, dass die Aufstellung wirklich eben erfolgt – vor allem, wenn Sie die Bienen auch mal im Rähmchen frei bauen lassen wollen. Bienen bauen nämlich immer lotrecht und bei geneigt aufgestellten Beuten „wandert" die Wabe beim Bau allmählich aus und orientiert sich nicht mehr am Rähmchen. Das kann dann ein herrlich natürliches Chaos liefern, wenn man erst wieder nach Wochen in die Beute schauen kann.

PLATZBEDARF

Imkerei braucht Platz. Die Beuten benötigen eine bienengerechte Stellfläche und das

der Pool im Nachbargarten verschont. Dazu braucht es keinen tropfenden Wasserhahn. Ein beständig gefüllter Teich mit guten Landemöglichkeiten wird sogar lieber aufgesucht als frisches Wasser und bietet auch anderen Tieren ein Quartier.

Übrigens benötigen Sie für die Bienenhaltung auf eigenem Grund und Boden keine Genehmigung von Nachbarn oder Behörden, solange sie ortsüblich ist. Davon können Sie ausgehen, wenn Sie Bienenbesuch an Ihrer Gartenbepflanzung feststellen können. In Pacht- oder Mietergärten sowie auf Dächern, Terrassen und Balkonen von Mietwohnungen müssen Sie Ihren Vermieter um Zustimmung bitten. Er kann die Bienenhaltung auch untersagen, denn Honigbienen fallen nicht unter die mieterfreundliche „Kleintierregelung", nach der man Kaninchen und Katzen auch ohne Genehmigung des Vermieters halten darf.

Auch in Kleingärten ist zumindest die Satzung ausschlaggebend. Sie kann eine Zustimmung des Vorstands und/oder der Nachbarn erforderlich machen. Auch in Eigentumswohnanlagen kann es Probleme mit den Miteigentümern geben.

TIERARZT UND BEHÖRDEN

Auf jeden Fall ist die Anmeldung des Bienenstands beim zuständigen Amtstierarzt

Auch wenn auf den Rähmchen Gedränge herrscht, sollten nicht zu viele Völker auf engem Raum gehalten werden.

notwendig. Er will erfahrungsgemäß auch wissen, woher die Bienen kommen, und ihr Gesundheitszeugnis sehen. Halten Sie Ihre Kontaktdaten unbedingt aktuell. Der Amtstierarzt muss Sie im Fall eines Seuchenausbruchs umgehend erreichen können. Am sichersten ist es (und bei Bienenständen außerhalb Ihres eigenen Grundstücks auch vorgeschrieben), eine auch aus größerem Abstand gut lesbare, wetterfeste Tafel mit Ihrem Namen und Kontaktdaten anzubringen. So können Sie auch zukünftige Honigkunden erreichen.

Die Anmeldung kann mit Gebühren oder jährlichen Meldepflichten belegt sein, zumal oft auch ein geringer Beitrag zur Tierseuchenkasse zu leisten ist. Aus ihr erhält man Kompensation, wenn zum Beispiel aufgrund einer amtstierärztlichen Verfügung Bienenvölker getötet werden müssen.

Viele Aspekte der Bienenhaltung sind über die Privathaftpflichtversicherung abgedeckt. Wer seine Bienen jedoch auch gegen Diebstahl und Vandalismus abgesichert haben möchte, kommt um Spezialversicherungen nicht herum. Die Mitgliedschaft in einem der großen Imkerverbände wie dem Deutschen Imkerbund (D. I. B.) oder dem Deutschen Berufs- und Erwerbsimkerbund (DBIB) beinhaltet solche Versicherungen, die noch an individuelle Bedürfnisse angepasst werden können.

WIE VIELE VÖLKER DÜRFEN ES SEIN?

Schwieriger ist die Frage, wie viele Bienenvölker gehalten werden dürfen. Hierzu gibt es keine einheitlichen gesetzlichen Regelungen, doch Sie sollten sich im Klaren sein, dass der Belästigungsgrad für die Nachbarn entsprechend der Völkerzahl steigt. So häufen sich in den letzten Jahren in den Städten Klagen über Verschmutzungen durch Bienenkot und massiven Besuch von Bienen in Bäckereien

und an Pools. Gerade Städte mit ihren vielen Straßenbäumen werden von Berufsimkern gerne angewandert, und dann stehen plötzlich 120 Bienenvölker auf einer Parkplatzbrache im Wohngebiet.

Dabei ist auch aus Sicht der Bienen eine geringe Bienendichte erstrebenswert, da sich die Risiken von Verflug und Krankheitsübertragung verringern. Die Varroa-Milbe und die gefürchtete Amerikanische Faulbrut (AFB) haben sonst kurze Wege.

Aus imkerlicher Sicht benötigt man jedoch eine gewisse Zahl an Völkern, damit man gegen Königinnen- und Volksverluste abgesichert ist. Gerade bei weiter entfernten Ständen ist es weder ökologisch sinnvoll noch effizient, nur wegen ein oder zwei Völkern durch die Gegend zu fahren. Insbesondere Einsteiger profitieren auch von Vergleichsmöglichkeiten, wenn sie mehrere Völker an einem Standort halten.

Gesundheitsexperten raten zu Standgrößen bis maximal acht bis zehn Völkern und zu mehreren Hundert Metern Abstand zum Nachbarstand. Während die erste Forderung in der städtischen Imkerei meist kein Problem ist, ist die zweite dort kaum erfüllbar – die Zahl der Bienenhalter steigt rasant, während die Bindung an örtliche Imkervereine sinkt. So hat allenfalls der Amtstierarzt noch einen Überblick über die Stände.

Im Durchschnitt besitzen die Imker in Deutschland knapp sieben Völker (Quelle: Deutscher Imkerbund, Mitgliederstatistik 2016) und auch im städtischen Bereich halten viele zwischen zwei und fünf Völker. Das geschieht auch dann, wenn sie zu Beginn ihrer Imkerei nur ein einziges haben wollten – Imkern macht eben süchtig.

Also übertreiben Sie es nicht und halten Sie auch wirklich nur so viele Völker, wie Sie gut und mit Freude bewältigen können, ohne dass der Familienfrieden darunter leidet.

(K)eine Beute für alle Fälle!

Ihr wichtigstes Handwerkszeug für gesunde und glückliche Bienen sind Ihr Wissen und die von Ihnen ausgesuchte Beute. Alles andere mag kleine Erleichterungen bringen, doch ist und bleibt das Haltungssystem die wichtigste Weichenstellung in Ihrer Imkerei. In dem Moment, in dem Sie sich für eine Bienenbehausung entscheiden, verschließen sich manche Wege, während andere sich einladend weit öffnen.

Es gibt keine „Eier legende Wollmilchsau" unter den Beuten, aber es gibt mehr oder weniger flexible Systeme. Wer sich beim Eingangstest zur extensiven/intensiven Imkerei keiner Gruppe zuordnen konnte, sollte sich eher für Haltungssysteme entscheiden, die sich auch für die intensive Imkerei eignen. In der Regel bieten diese Systeme mehr Möglichkeiten, die die Imkerin nutzen kann, aber nicht muss.

Umgekehrt ist das wesentlich schwieriger, da die auf extensive Imkerei ausgelegten Systeme viele Techniken nicht gestatten. Häufig sind sogenannte „Magazinbeuten" aus einzelnen, übereinandergestapelten Holzrahmen (sogenannte „Zargen"). In diese Zargen werden die dem Bau von Waben dienenden Rähmchen eingehängt. Sie werden von oben entnommen (Oberbehandlungsbeuten). Diese Art der Bienenhaltung hat sich inzwischen bei Berufs- wie Freizeitimkern als führende Haltungsform durchgesetzt.

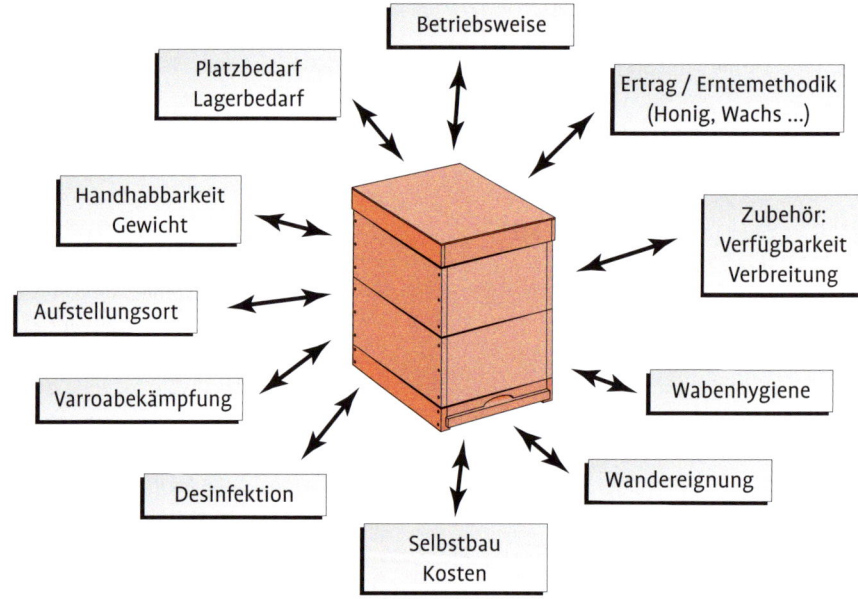

Die Wahl der Beute entscheidet über wesentliche Aspekte der Imkerei – und umgekehrt. Je nach persönlichem Schwerpunkt sind manche Aspekte wichtiger als andere.

Die früher einst weitverbreiteten Hinterbe-handlungsbeuten, bei denen die Rähmchen von hinten entnommen werden, werden in der städtischen Bienenhaltung kaum jemals gewählt, da sie nur in einem Bienenhaus oder Bienenwanderwagen aufgestellt werden kön-nen. Spielt Raumbedarf jedoch keine Rolle, so sind diese Beuten aufgrund des körper-lich leichten, rähmchenweisen Imkerns und des erfahrungsgemäß sehr trockenen Honigs noch bei vielen Imkern sehr geschätzt und könnten gerade unter den Imkerinnen neue Freundinnen gewinnen.

Die Vielfalt an Magazinbeuten ist für die Einsteigerin überwältigend, doch inzwischen ist die Beutenfrage auch in der extensiven Imkerei nicht mehr ganz einfach. Während Magazinbeuten mit allerlei Details zur Bear-beitbarkeit werben, werden die eher extensi-ven Systeme mit Schlagworten wie „wesens-gemäß", „naturnah" oder „bienengerecht" beworben.

Alle Hersteller werben mit robuster Qua-lität und guter Verarbeitung; gegebenen-falls noch mit Details zu den verwendeten Baumaterialien – von FSC-zertifiziertem Holz bis zur Weymouth-Kiefer mit Edelstahl-Ver-schraubung oder gezapfter Qualität. Viele der genannten Attribute wenden sich eher an technikverliebte Imker, doch für die ange-hende Imkerin bergen sie kaum Entschei-dungshilfen. Wonach sollte frau sich richten?

KEIN KLEINER UNTERSCHIED – DAS BEUTENGEWICHT

Dem Gewicht, insbesondere von Magazin-beuten, schenken viele Frauen viel zu wenig Aufmerksamkeit. Wer die Beute nicht oft ver-setzt oder den Honig nur wabenweise erntet, muss diesem Punkt tatsächlich kaum Bedeu-tung beimessen.

In der Praxis entscheiden sich jedoch viele Imkerinnen für ein konventionelles Maga-zinsystem. Dabei haben Magazinbeuten die Eigenschaft, dass je nach System bis zu zwölf Waben auf einmal gehoben und getragen werden müssen.

Das Imkern mit Rähmchen in Zargen ermöglicht den Austausch von Wabenma-terial zwischen verschiedenen Völkern und damit auch zwischen Imkereien. Es ermög-licht eine vergleichsweise zügige Arbeit und viele Hilfsmittel und Geräte – ob Absperrgit-ter, Bienenfluchten, Honigschleuder – orien-tieren sich an dieser Form der Imkerei. Jeder Imkereifachhandel führt diese Beuten und das Zubehör, sodass der Selbstbau möglich, aber nicht notwendig ist.

Da die Geschichte der modernen Imke-rei auf den Lebenswerken berühmter Imker beruht, gehen die heute verbreiteten Rähm-chen- und Beutenmaße auf ihre geistigen Väter zurück. Imkerfrauen hatten bei dieser Entwicklung nicht viel mitzureden.

Beim anatomischen Vergleich zwischen Mann und Frau wird deutlich, dass der berühmte „kleine Unterschied" gerade in der Imkereipraxis gewaltige Folgen hat. Die Ext-remitäten der Frau sind im Durchschnitt rund 10 % kürzer als beim Mann, während die Rumpflänge etwa 38 % der Körperhöhe und damit 3 % mehr als beim Mann ausmacht.

Frauen haben im Durchschnitt einen um rund 6 % geringeren Anteil an Skelettmus-kulatur und offenbar auch eine andere Mus-kelmassenverteilung. Eine im Jahr 2000 im „Journal of Applied Physiology" publizierte Studie demonstriert, dass Frauen gegenüber Männern eine rund 40 % geringere Musku-latur im Oberkörper haben, was sich in einer geringeren Stärke (ca. 50 % im Vergleich zu Männern) niederschlägt.

Dieser Unterschied lässt sich offenbar auch nur begrenzt durch Training ausglei-chen, wie sich am Beispiel des klassischen Klimmzugs zeigt. Eine 2003 publizierte Stu-die der University of Dayton belegt, dass diese Übung für Frauen selbst nach einem intensiven Training der Oberkörpermuskulatur eine schwer zu meisternde Übung bleibt. Selbst eine nach hartem Training erworbene Kraftsteigerung von 36 % genügte bei 13 von 17 Frauen nicht, um auch nur einen einzigen Klimmzug zu schaffen!

Frauen haben in ihrer Muskulatur nicht nur weniger „Kraftwerke" (Mitochondrien), sondern auch ein geringeres Blutvolumen, weniger Sauerstoff transportierendes Hämoglobin im Blut, eine geringere Lungenkapazität sowie kleinere Muskelquerschnitte. Hinzu kommt, dass der Muskelabbau im Alter bei Frauen ausgeprägter ist als bei Männern.

Aller Gleichberechtigung zum Trotz – mit diesen Unterschieden müssen wir Frauen leben – und imkern. Und das nicht zu knapp: Da wir Frauen auch signifikant länger leben, können wir auch länger imkern – sofern wir bei der Beutenwahl entsprechende „Altersvorsorge" betrieben haben!

Kleinere Formate machen das Imkern leichter, sollten aber auf Beute und Schleuder abgestimmt sein.

Die bekannte Hettinger-Tabelle (siehe Serviceteil Seite 125) wird als Maßstab für viele berufsgenossenschaftliche und gesetzliche Regelungen in der Arbeitssicherheit herangezogen. Demnach sind nahezu alle Oberbehandlungsbeuten in den „Ganzmaßen", wie Deutsch normal, Langstroth oder Zander, für Frauen gänzlich ungeeignet. Die ästhetisch ansprechende, massive Tischlerqualität guter Beuten hat eben ihren Preis. Und der schlägt sich nicht nur im Geldbeutel nieder.

Selbst die Verwendung des leichteren Weymouth-Kiefernholzes kann nur eine Gewichtseinsparung von knapp einem Kilo pro Zarge leisten. Auch Beuten aus Kunststoff wie Hartschaum (zum Beispiel Segeberger Beute oder Frankenbeute) oder Polyurethan (Ligoma-Beute), die um rund zwei Kilogramm pro Zarge leichter sind als konventionelle Beuten, bringen spätestens im honigvollen Zustand ein ordentliches Gewicht auf die Waage.

Eine volle Segeberger Honigraumzarge (Format Deutsch normal) mit elf Rähmchen kann es auf rund 30 Kilogramm Gewicht bringen. Will man sie mit ihrem Außenmaß von 50 × 50 Zentimetern und vergleichsweise winzigen Griffmulden über Treppen und unebenes Gelände tragen, so ist das nicht nur für Frauen eine echte Herausforderung. Für viele Imker- und Imkerinnenkarrieren ist es eine traurige Tatsachen, dass sie im Alter vornehmlich aufgrund der nicht mehr handhabbaren Gewichte beendet werden müssen. Daher sollte die angehende Imkerin dieses Kriterium nicht unterschätzen!

EIN SEGEN – HALBE FORMATE

Man kann es als wahre Errungenschaft der letzten Jahre sehen, dass die stets für Spott sorgende Rähmchenvielfalt in Deutschland weiter zugenommen hat. Nun sind endlich für die am weitesten verbreiteten Maße Deutsch Normal (DN), Zander und Langstroth auch halbe Maße verfügbar – für manche sogar Zwei-Drittel-Formate.

Damit ist es der Imkerin möglich, zumindest bei Verwendung von Kunststoff-Zargen Honigräume im Maß Deutsch Normal 0,5 von unter 15 Kilogramm Gewicht pro Zarge zu betreiben.

Für Holz-Zargen wird das schon schwieriger; selbst im halben Format knabbert die Imkerin schon wieder an der 20-Kilo-Marke. Für einige Holzbeuten-Systeme im Zander- und Langstroth-Maß gibt es daher inzwischen vertikal geteilte Honigräume, die nur jeweils fünf Rähmchen aufnehmen; allerdings ist es dann zu überlegen, ob die Imkerin nicht doch einfach kurzerhand nur die Hälfte der Rähmchen zum Transport entnimmt, anstatt nun in dieses Sonderzargenformat zu investieren.

Inzwischen haben diese halben Formate auch bei den Herren Freunde gefunden. Erste Betriebsweisen wurden entwickelt, die sowohl für Brut- als auch Honigräume niedrige Zargen vorsehen (Flachzargen-Imkerei). Das hat jedoch in der Praxis erhebliche Nachteile, womit wir wieder beim Thema Kompromiss sind.

Zwar hat die Innovationskraft der letzten Jahre erfreulich viele Hilfsmittel hervorgebracht, die das Leben, Tragen und Versetzen der Zargen und Beuten einfacher machen. Doch in der von Platzmangel geprägten städtischen Imkerei sind nur wenige dieser Hilfsmittel wirklich praktikabel. Die Vielzahl an teuren Karren, Hebehilfen und Transportwagen ist beim Imkern auf dem Dach oder in einem verwinkelten Kleingarten selten einzusetzen.

Viele Hilfsmittel sind auch nur für bestimmte Situationen brauchbar. So ist die „imkergerechte Magazinbeute" des Walter Kühn Ingenieurservices ein innovativer Ansatz, um das Durchsichten von Standard-Magazinbeuten wie Zander oder Langstroth zu erleichtern. Über ein Edelstahl-Schienensystem können die Zargen seitlich verschoben, anstatt mühsam gehoben zu werden. Allerdings setzt dieses System grundsätzlich die Aufstellung von zwei Völkern und ausreichend seitlichen Platz voraus. Für den Transport der Honigräume zur Schleuder braucht man jedoch weiterhin kraftvolle Unterstützung.

Auf die ständige Verfügbarkeit helfender Hände sollte die Imkerin aber nicht grundsätzlich setzen – das hohe Maß an Flexibilität in der Imkerei leidet sehr, wenn Durchsichten und Ernten noch mit weiteren Personen abgestimmt werden müssen. Es kann auch der Familienfrieden leiden, wenn der Sohn oder Partner regelmäßig zur Durchsicht oder Honigernte anrücken muss.

MEHR ODER WENIGER NATÜRLICH – DAS BEUTENMATERIAL

Für viele, ob Mann oder Frau, ist und bleibt Holz „natürlich" die erste Wahl beim Beutenkauf. Dennoch sollte sich die Imkerin vor dem Einkauf auch andere Materialien anschauen.

Holzbeute

Vorteile: Unbestritten ist Holz nicht nur für die Bienen natürlicher, sondern auch schöner anzusehen. Es lässt sich leicht bearbeiten und reparieren, ist atmungsaktiv, feuchtigkeitsausgleichend und mittels Lötlampe leicht zu desinfizieren. Der Bau einer eigenen Holzbeute ist auch ohne Tischlerausbildung zu schaffen und bietet die Möglichkeit, eigene Ideen umzusetzen. Nur Beuten aus Holz eignen sich für eine Bio-zertifizierte Imkerei.

Nachteile: Holz benötigt eine regelmäßige Wartung (Anstriche/Ölen) und insbesondere die Böden leiden durch Spritzwasser und Bodenfeuchtigkeit. Hinzu kommt die Vielfalt der Tischlerkunst, sodass manchmal

Holzbeuten haben leider ein hohes Gewicht.

die Zargen trotz gleicher Rähmchenmaße nicht zueinanderpassen (insbesondere nicht von verschiedenen Herstellern). Holz „lebt" – es nimmt Feuchtigkeit auf und es können plötzlich Spalten und Ritzen entstehen. Für bestimmte Anwendungen eignet es sich nur sehr eingeschränkt (zum Beispiel für Futterzargen für die Flüssigfütterung). Zudem ist Holz relativ schwer.

Kunststoffbeute

Vorteile: Die bekannte „Segeberger Beute" oder die „Frankenbeute" bestehen aus Hartschaum. Sie sind nicht nur leichter als ihre Gegenstücke aus Holz, sondern isolieren auch besser. Das macht sich im zeitigen Frühjahr oft durch eine bessere Entwicklung der Völker bemerkbar. Sie lassen sich wie Holz-

beuten gut reparieren. Sie sind extrem maßhaltig, und das über Jahre, und eine Vielzahl praktischer Formteile ergänzen diese Systeme, wie sie in Holz nicht so einfach und leicht machbar wären (zum Beispiel dichte Futterzargen). Ihre grundsätzliche Stabilität ist in etwa mit der von Holzbeuten vergleichbar. Lebensdauern von über 30 Jahren sind bekannt. Sollen komplett bestückte und gefüllte Zargen nur bis zu 15 Kilogramm wiegen, ist das praktisch nur mit Kunststoffbeuten zu erreichen. Ihre glatten Innenflächen werden es außerdem Parasiten wie dem Kleinen Beutenkäfer nicht einfach machen, sich zu verstecken.

Die Nachteile: Kunststoffbeuten sind weder schön noch „natürlich" und daher in der Bioimkerei nicht zugelassen. Sie lassen sich nur in kochender Natronlauge desinfizieren. Dampf und Hitze setzen dem Kunststoff mit der Zeit zu, sodass häufige Desinfektion seine Lebensdauer deutlich verkürzt. Dann lösen sich die Zargen allmählich in einem Schauer kleiner Perlen auf. Auch bei der Oberflächenhärte kann der Kunststoff nicht mit Holz mithalten. Ein Anstrich mit PU-verstärktem Acryllack ist empfehlenswert.

Da sie Feuchtigkeit weder aufnehmen noch abgeben, sind die Kunststoffbeuten in Hinblick auf Atmungsaktivität und Feuchtigkeitsregulation gegenüber Holz im Nachteil. Hinzu kommt, dass die Auswahl an Herstellern und verfügbaren Rähmchenmaßen überschaubar ist, und die Preise dafür vergleichsweise hoch sind.

Seit Kurzem ist von der Firma Ligoma mit Polyurethan ein neuer Beutenkunststoff auf den Markt gebracht worden, der vor allem im Hinblick auf die Oberflächenhärte und Laugenresistenz Vorteile gegenüber Hartschaum hat. Allerdings ist dieses Material noch nicht sehr weitverbreitet und das System dementsprechend teuer.

Wie sind die Beuten aufgebaut?

Unabhängig von der Art der Beute gibt es viele Bestandteile, die Sie nahezu immer wieder finden werden. Dazu gehören insbesondere die Rähmchen. Die Entscheidung für ein bestimmtes Maß sollten Sie nicht leichtfertig treffen.

WOZU DIENEN DIE RÄHMCHEN?

Bienen brauchen eigentlich keine Rähmchen. Gibt man einem Bienenschwarm eine ausreichend große Kiste (etwa 42 Liter Volumen sollte sie schon haben), errichten die Bienen ihren Wabenbau ganz nach ihrem Geschmack. Nach rund ein bis zwei Wochen wird der Wabenbau Deckel und Seitenwände fest miteinander verbinden. Jeder Versuch, hier Einblick zu gewinnen, hat unweigerlich Zerstörung und Frust zur Folge.

Daher arbeiten selbst extensive Imker zumindest mit Holzleisten, an denen Leitlinien aus Wachs befestigt sind. Das können mit Wachs gefüllte Rinnen, ein mittig aufgelegter und mit Wachs getränkter Faden oder eine schmale Leiste sein. Die Bienen nutzen zum Wabenbau bevorzugt diese Ansatzpunkte und so kann die Wabe später mit der Leiste herausgehoben werden.

Doch der fragile Bau ist nicht für das Drehen und Wenden geschaffen. Wird die Wabenzunge zu groß und füllt sie sich mit Honig, so reißt sie beim Wenden schnell ab. Daher arbeiten extensive Beutensysteme in der Regel mit eher niedrigen, aber langen Formaten, sodass die Wabenzungen verhältnismäßig kurz oder aber über eine möglichst lange Seite mit der Trägerleiste verbunden sind. Solche Waben lassen sich vorsichtig bewegen und werden in der Regel nicht mit den Seitenwänden verbaut.

Dennoch muss man sehr langsam und vorsichtig arbeiten, wodurch Durchsichten entsprechend lange dauern. So faszinierend der zarte Wabenbau auch ist – für die Einsteigerin ist er oft zu empfindlich, sodass sie es eher bei Aufsichten belässt und ihr dadurch Erfahrungen entgehen.

Es ist daher grundsätzlich empfehlenswert, die Bienen zumindest in einem rundum mit Leisten versehenen Rähmchen bauen zu lassen. Solche Waben werden durch den seitlichen Anbau stabilisiert und lassen sich sicher bewegen und betrachten. Es ist sogar möglich, auf die sonst übliche Quer- oder Längsdrahtung zu verzichten, wenn man keine großflächigen Wachsmittelwände anbieten möchte. Die Leitlinie auf der Unterseite des Oberträgers ist jedoch unbedingt nötig. Ohne Vorgabe bauen die Bienen kreuz und quer durch die Rähmchen. Korrekt ausgebaute Rähmchen sind jedoch ideal zum Lehren und Lernen. Sie bilden die Grundlage für viele Betriebsweisen, mit denen sich Völker vermehren und Krankheiten und Parasiten kontrollieren lassen.

QUAL DER WAHL – DAS RÄHMCHENMASS

Spätestens jetzt wird es schwierig, denn in der von Individualisten geprägten Imkereigeschichte hat sich offenbar jeder Bienenvater mit einem eigenen Rähmchenmaß verewigt. Diese wurden zudem noch munter modifiziert (zum Beispiel durch die Verwendung dickerer Oberträger, längerer Rähmchenohren, verbreiteter Seitenleisten usw.) und spätestens bei der Orientierung der Drahtung scheidet sich die Imkerwelt in Längs- und Querdrahtung.

Viele Anfänger verzweifeln an dieser schieren Vielfalt und beginnen ihre Imkerei mit einem Kardinalfehler: Entweder übernehmen sie ungeprüft das Rähmchenmaß ihres Imkerpaten oder eben das, was ihnen als „regionales Maß" empfohlen wird. Dabei wird oft mit der Kompatibilität zu den Nachbarimkern argumentiert und der „Schnäppchenkauf" aus dem Nachlass eines Vereinskollegen besiegelt die Wahl.

Allerdings ist es nicht sinnvoll, sich für eventuell mögliche und zeitlich begrenzte Vorteile ein Leben lang auf ein ungeeignetes Haltungssystem zu verpflichten. Den Wabentausch mit Vereinskollegen und Nachbarimkern sollte man schon aus seuchenhygienischer Sicht vermeiden – ist er doch einmal unvermeidlich, lässt sich das in der Regel mit etwas Basteltalent lösen. Es ist natürlich ein Vorteil, nicht zu einem ganz exotischen Wabenmaß zu greifen, wenn man seine

Ziele auch mit einem regional gängigeren Format erreichen kann.

Sofern Sie sich bereits für eine Magazinbeute entschieden haben, sollten Sie sich entscheiden, ob Sie mit einem oder zwei Rähmchenmaßen imkern möchten. Unter der Beachtung des für Frauen oft zu hohen Zargengewichts bietet es sich an, mit einem Rähmchenmaß im leichten Format zu imkern (Flachzargen-Imkerei aus reduzierten gängigen Formaten wie zum Beispiel Deutsch Normal 2/3, Langstroth 2/3 oder Zander 2/3). Sie können auch mit zwei Rähmchenmaßen mit leichten Honigräumen (Flach- oder Halbzargen der gängigen Formate Deutsch Normal, Langstroth oder Zander) und dazu kompatibler Bruträume im jeweiligen Ganzmaß (zweiteiliger Brutraum) arbeiten. Außerdem ist es möglich, zwei Rähmchenmaße mit leichten Honigräumen (Flach- oder Halbzargen) und dazu kompatibler Bruträume mit

Beutenaufbau bei der Imkerei mit Flachzargen (Zwei-Drittel-Maß), zweiteiligem Brutraum mit Flachzargen als Honigraum und einteiligem Brutraum mit Halbzargen als Honigraum.

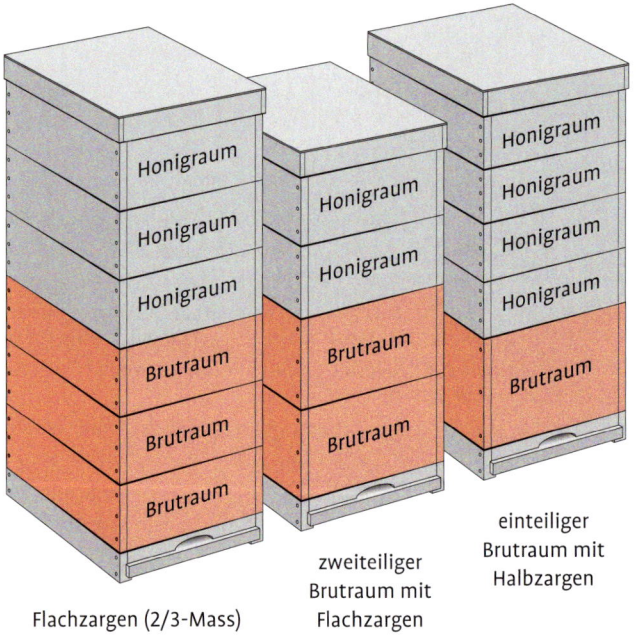

Flachzargen (2/3-Mass)

zweiteiliger Brutraum mit Flachzargen

einteiliger Brutraum mit Halbzargen

VERSCHIEDENE MAGAZINTEILUNGEN

	Flachzargen-Imkerei	zweiteiliger Brutraum	einteiliger Brutraum
Wander-fähigkeit	gut	mäßig, mit zwei Bruträumen sehr schwer	mäßig, Brutraum oft sehr schwer und unhandlich
körperliche Belastung	mäßig (viele Hebevorgänge der eher leichten Zargen)	mäßig (viele Hebevorgänge, oberer Brutraum eventuell schwer)	gering (nur wabenweise Durch-sicht nach Abnahme der leich-ten Honigräume)
Verbreitung und Bekanntheit	eher selten, doch mit zuneh-mender Tendenz, da mit dem zweiteiligen Brutraum bei Beibehaltung von nur einem Rähmchenmaß ver-gleichbar mit der klassischen Magazinimkerei	hoch, da vielerorts Standard und bei der Schulung übliches Prinzip	insbesondere bei Berufsimkern verbreitet, in Tendenz zuneh-mend, jedoch in den prakti-schen Details (Schiedführung, Wabenhygiene) oft nicht so bekannt
Vorteile	• effizient im Einkauf und Betrieb, da nur ein Maß • Wabenwechsel zwischen den Zargen möglich • Kompatibilität zu Nachbar-imkern • zargenweise Bauerneuerung • übliche Standardmethoden sind übertragbar, oft höhere Akzeptanz bei Imkerpaten • auch für Waben aus dem Brutraum passende Schleuderformate verfügbar	• Kompatibilität zu Nachbar-imkern • übliche Standardmethoden übertragbar, oft höhere Akzeptanz bei Imkerpaten • Schleudernutzung auch für Brutraummaße möglich • Zusammenstellung der Zar-gen zu Großraumformaten möglich	• durchgängiges Brutnest auf wenigen Waben für schnelle Durchsicht • schnelles Finden der Königin • Schwarmkontrolle schnell und sicherer, da weniger Versteckmöglichkeiten für Weiselzellen • totale Brutentnahme und Behandlung mit Milchsäure einfach durchführbar
Nachteile	• Durchsichten aufwendig, da viele Arbeitsgänge • Schwarmkontrolle erschwert, da viele Versteckmöglich-keiten für Schwarmzellen • erhöhte Gefahr des Ver-tauschens von Wabenorien-tierungen • Königin schwer zu finden • erhöhte Bienenverletzungs-gefahr durch Zargenstapelei • neuere Verfahren wie totale Brutentnahme oder waben-weise Milchsäure-Applikation vergleichsweise aufwendig • Einzelbeute vergleichsweise teuer im Einkauf (keine Kom-plettangebote)	• Durchsichten aufwendig, da viele Arbeitsgänge • Schwarmkontrolle erschwert, da viele Versteckmöglich-keiten für Schwarmzellen • erhöhte Gefahr des Ver-tauschens von Wabenorien-tierungen • Königin schwer zu finden • erhöhte Bienenverletzungs-gefahr durch Zargenstapelei • neuere Verfahren wie totale Brutentnahme und Milch-säure sehr aufwendig • keine zargenweise Rotation zur Wabenerneuerung	• eingeschränkte Kompa-tibilität zu Nachbarimkern • keine zargenweise Rotation zur Wabenerneuerung • einige übliche Standard-methoden sind nicht oder nur nach Modifikation über-tragbar; alternative/neue Methoden müssen erlernt oder angepasst werden • Brutraummaß passt even-tuell nicht in Schleuder

großen Wabenformaten einzusetzen (einteiliger Brutraum oder Großraumbeuten-Imkerei in den Maßen Dadant, Zadant, Anderthalb- oder Doppelmaße von Deutsch Normal, Langstroth oder Zander).

Haben Sie „Ihr" Rähmchenmaß gefunden, ist die Wahl bereits überschaubar. Analog zum Neuwagen können Sie sich nun verschiedene Extras aussuchen – ob integrierte Abstandshalter („Hoffmann"-Seitenteile), dickere („modifizierte") Oberträger, Holzart oder Orientierung bei der Drahtung. Wer es besonders preiswert möchte, kauft die Rähmchen als Bausatz zum Selbernageln und -drahten.

SENKRECHTE ODER WAAGRECHTE DRAHTUNG?

Die senkrechte Drahtung ist vor allem dann sinnvoll, wenn Sie nicht nur mit Mittelwänden, sondern auch mit Anfangsstreifen arbeiten wollen. Mit solchen Anfangsstreifen reduzieren Sie den Verbrauch an teurem Mittelwandwachs. Allerdings müssen Sie dann auch mit nicht immer geplanten Bauergebnissen leben (wellige Waben, unvollständiger Ausbau des Rähmchens, erhöhter Anteil von Drohnenzellen).

Bei senkrechter Drahtung ist jedoch zumindest bei Großwaben wie Dadant ein modifizierter Oberträger empfehlenswert, damit sich der Oberträger nicht unter der Zugbelastung verbiegt. Zudem bieten diese dickeren Oberträger oft auch eine innen liegende Nut, in der Mittelwände Platz finden. Damit können Sie auch bei fehlender Drahtung Mittelwandstreifen durch Anblasen mit dem Heißluftföhn am Oberträger fixieren.

Bei der waagerechten Drahtung ist der modifizierte Oberträger nicht erforderlich, da sich allenfalls die Seitenteile nach innen verbiegen. Allerdings eignet sich diese Drahtung genau genommen nur für die Verwendung

ganzer Mittelwände, da das Einlöten bei dieser Drahtung sonst erschwert ist. Im Übrigen kann man gerade bei Flach- und Halbzargen-Maßen auch auf die Drahtung verzichten, denn diese Formate ertragen das Schleudern in der Regel auch ungedrahtet ohne Wabenbruch.

Unvollständig ausgebaute Rähmchen sind ohne Drahtung jedoch recht zerbrechlich. Insbesondere Großraumformate reißen beim Drehen und Wenden gern ab, wenn sie nicht schon mit den Seitenteilen verbunden worden sind. Auch beim Transport von Bienenvölkern ist die Drahtung sehr hilfreich.

In der Auswahl der Abstandshalter haben sich sieben Millimeter hohe Polsternägel bewährt, da sie die geringsten Kontaktflächen erzeugen. Allerdings sind sie beim Schleudern etwas hakelig und gehen auch gern einmal verloren.

Die Hoffmann-Seitenteile haben dagegen bei der Wanderung die Nase vorn. Das starke Verkleben durch Propolis und das aufgrund der hohen Auflagefläche erhöhte Quetschrisiko für die Bienen machen die alltägliche Durchsicht jedoch aufwendiger. Gerade bei der ersten Durchsicht nach dem Winter lernt die Imkerin die „Hoffmänner" zu verfluchen, wenn sie nicht voneinander lassen wollen und die winterlich geschrumpfte Bienenmasse beim Zusammenschieben weiter dezimieren.

VERSCHIEDENE BÖDEN

Haben Sie sich für ein Rähmchenmaß entschieden, so sollten Sie vor dem Beutenkauf auch einen Blick auf die Zubehörliste werfen. Es ist sehr ärgerlich, wenn man sich die bei Holzbeuten eigentlich als selbstverständlich vorauszusetzende Abdeckhaube aus Metall noch beim Schlosser anfertigen lassen muss.

Das gewählte System sollte einen bienendichten Gitterboden bieten, unter dem

ein sogenanntes Diagnoseschied (Varroa-Schieber oder Windel) eingesetzt werden kann. Damit kann nicht nur der Befall mit der Varroa-Milbe diagnostiziert, sondern auch der Erfolg von Behandlungen geprüft werden. Außerdem bietet die „Gemülldiagnose" die Chance auf wertvolle Informationen aus dem Bienenvolk, ohne dass es nötig wäre die Beute zu öffnen.

Durch den Bodenschieber kann man das Volk wahlweise warm oder kalt halten und es bekommt selbst in dicht verkitteten Kunststoffkisten noch ausreichend Luft, wenn das Flugloch versehentlich oder absichtlich voll verschlossen wird.

Insbesondere bei Holzböden sollte die Bau- und Holzqualität der Böden exzellent sein, denn diese Bauteile sind am ehesten Schmutz und Spritzwasser ausgesetzt. Häufig kann man zwischen sogenannten „Wander-" oder „Hochböden" und „Flachböden" wählen.

Hochböden bieten zwischen Rähmchenunterkante und eigentlichem Bodengitter einen größeren Abstand, sodass sich dort die Bienen zu einer Traube sammeln können. Dies ist vor allem bei längeren Transporten sinnvoll, um eine Überhitzung zu verhindern – die aufgeregten Bienen können unter diesen Bedingungen „verbrausen" und sterben in Massen in der viel zu warmen Beute. Allerdings können die Bienen diesen Raum auch gut mit Wabenbau verbauen, sodass es dann eine „Bausperre" braucht.

Wer also mit seinen Bienen nicht ständig auf Wanderschaft ist, sollte eher zu den normalen „Flachböden" greifen. Sie sollten eine kurze Anflugnase als Landeplattform bieten. Hier kann man auch gut imkerliche Beobachtungen am Flugloch machen und allerlei über die Bienen in Erfahrung bringen, ohne dafür gleich die Kiste öffnen zu müssen.

KALT- UND WARMBAU

Sofern es sich um Magazine handelt, sollten sie einen guten Tragekomfort bieten. Viele Griffmulden sind sehr zierlich, während Griffleisten ein besseres Anpacken ermöglichen. Sie sind aber natürlich Wind und Wetter eher ausgesetzt. Ein weiterer Pluspunkt bei manchen Magazinbeuten ist die Wahlmöglichkeit, die Waben längs oder quer zum Flugloch einhängen zu können.

Dieser sogenannte „Kaltbau" (die Waben hängen im rechten Winkel zum Flugloch) oder „Warmbau" (die Waben hängen parallel zum Flugloch) hat für das Gedeihen der Bienen keine nachweisbare Bedeutung – wohl aber für das Gedeihen der Imkerin, denn die Bearbeitung der Bienen ist unterschiedlich komfortabel.

Beim Kaltbau hängen die Rähmchen im rechten Winkel zum Flugloch.

FÜTTERUNGSEINRICHTUNGEN

Ein weiterer Luxus, der Ihnen jedoch den Start in die Imkerei sehr erleichtern wird, sind für das System geeignete Fütterungseinrichtungen, die sich am besten ohne Bienenkontakte nachfüllen lassen. Sie ermöglichen das saubere, kleckerfreie Füttern von Honig oder Zuckersirup. Auch wer seine Bienen auf eigenem, selbst gemachten Honig überwintern lassen möchte und nur wenig für den eigenen Bedarf entnimmt, wird früher oder später in die Situation kommen, einem Volk etwas unter die Arme greifen zu müssen.

Da solche Fütterungen in der Regel dann nötig sind, wenn es auch sonst nicht viel zu holen gibt, werden Sie mit einer solchen Futtergabe immer die Aufmerksamkeit von neugierigen benachbarten Bienenvölkern erregen. Dauert die Fütterung dann zu lange oder wird dabei gekleckert, fühlen sich die Nachbarn eingeladen und in kürzester Zeit kann eine unvergessliche Räuberei am Bienenstand entstehen. So manche Einsteigerin wird nun verzweifeln und gar zum Wasserschlauch greifen, um der Buffetschlacht ein Ende zu bereiten, während sich Familie und Nachbarn in das sichere Hausinnere zurückziehen. Daher bewahren vernünftige Fütterungseinrichtungen den Frieden mit Familie und Nachbarn.

Immer wieder werden zur Fütterung Plastiktröge mit Schwimmkörpern empfohlen – ob Korken, Verpackungschips oder sogar Stroh –, die dem Volk in einer Leerzarge aufgesetzt werden. Da ein Futterschub gern den Bautrieb des Volks fördert, kann es bei längerer Zufütterung zu einem kräftigen Verbau in der Leerzarge kommen, und der Futtertrog muss regelrecht herausoperiert werden.

Dabei bieten viele Systeme geeignete Futterzargen oder -taschen, die dem Volk aufgesetzt oder zugehängt werden. Besonders elegant ist es, wenn sie ganz ohne Auftriebskörper auskommen, die man danach entsorgen oder einlagern muss. Beim bekannten „Adam-Fütterer", der von Karl Kehrle alias Bruder Adam, dem Züchter der Buckfast-Biene, entwickelt wurde, steigen die Bienen über einen zentralen Kegel bis zum Pegelstand des Futtermittels herab. Eine über den Kegel gestülpte Glocke ermöglicht das Ergänzen von Futter, ohne dass Bienen auffliegen können.

Besonders effizient und mit einer weitaus schnelleren Abnahme sind Futterzargen mit seitlichem Einstieg, die ähnlich funktionieren. Der einzige Nachteil ist, dass die nur für einen kurzen Zeitraum benötigten Zargen Lagerplatz benötigen.

WITTERUNGSFESTE DECKEL

Ein witterungsfester Deckel aus Zinkblech, der den darunter liegenden, bienendicht schließenden Holzdeckel einer Holzbeute schützt, beziehungsweise der zum Kunststoff-System passende Deckel komplettiert die Beute. Die Deckel sollten unter Berücksichtigung des „Bee Space" so abschließen, dass die Bienen zwar darunter herlaufen können, aber nicht zu bauen beginnen. Daher sind Aussparungen für Futterteig im Deckel ungeeignet.

Zwischen Zarge und Deckel eingelegte Abdeckfolien sind eher Geschmackssache – als Einsteiger schätzt man den vermeintlich bienenschonenden Einblick von oben, doch er wird früher oder später von den Bienen verbaut und verkleistert, sodass die Folien dann oft eher hinderlich sind. Andererseits verhindern Sie das Verbauen von Rähmchen mit dem Deckel, die dann beim Abheben des Deckels mit gezogen werden.

VERSCHIEDENE BEUTENSYSTEME

Die viereckige Form der Beuten ist schon lange nicht mehr verbindlich. In den letzten Jahren sind viele neue Systeme entwickelt worden. Darunter gibt es durchaus Aufsehen-erregende wie die Bienenkugel, bei der die Bienen in runden Holzrähmchen bauen. Wie die traditionellen Figurenbeuten, bei denen Bienen ausgehöhlte Holzfiguren bewohnen, haben solche Systeme eine besondere Ästhetik und richten sich eher an den extensiven Bienenhalter mit geringen Ansprüchen an die Menge des Honigertrags.

Manche der neuen Systeme entpuppen sich beim näheren Hinsehen nur als Varianten bereits bekannter Haltungssysteme. Das birgt den Vorteil, dass viele Methoden übertragbar sind und sie vor allem auf verbreitete und damit gut erhältliche Rähmchenmaße setzen.

Viele der neuen Systeme versuchen zudem, das Problem der hohen Traglasten zu lösen. Die Vario-Bienenbeute, eine auf entsprechender Bearbeitungshöhe aufgeständerte Beute, bietet die Möglichkeit, den Honigraum für die Durchsicht über die Längsseite zu kippen, während sich das Brutnest auf einer Ebene mit rund 19 Rähmchen ausbreitet.

Noch radikaler ist der Ansatz, den Honigraum auf gleicher Ebene anzuordnen, also seitlich oder hinter dem Brutraum. Diese sogenannten „Lagerbeuten" haben in den letzten Jahren eine echte Renaissance erfahren, seit sich Imker und Imkerinnen zunehmend um die Traglasten und ihre Rücken Gedanken machen.

Die bereits 1957 entwickelte Golzbeute, bei der sich der Honigraum auf einer Ebene mit dem Brutraum befindet, ist inzwischen wieder im gut sortierten Fachhandel zu finden. Die Mellifera-Einraumbeute ist eine aktuelle Variante der Golzbeute mit einem eigenen,

Material, das manchmal nur für kurze Zeit im Jahr im Einsatz ist, muss ebenfalls untergebracht werden. Insbesondere die Honigräume mit dem sauber geputzten Wabenbau benötigen einen trockenen, sauberen und gut belüfteten Standort, ohne Zugang von Ameisen oder gar Mäusen. Wer sich eine Schleuder zulegt, sollte sie wie eine Küchenmaschine lagern – also sauber und trocken. Allerdings benötigt die Schleuder erheblich mehr Platz. Hinzu kommt der Platz für den Honig, der die höchsten Ansprüche stellt. Sauber, trocken und frei von Haustieren muss er sein. Am besten sollte der Honig bei niedrigen Temperaturen und geringer Luftfeuchtigkeit lagern.

Kurze Wege zum Lagerraum und die Möglichkeit, eventuell auch mit dem Auto heranfahren zu können, machen den Bienenstandort auch für die Imkerin perfekt. Doch gerade in den Städten bleibt so ein idealer Standort für viele ein unerfüllbarer Traum. So stehen die Beuten auf Flachdächern oder hängen an Balkonen und in Bäumen, sodass bereits der Weg zu ihnen zu einer sportlichen Herausforderung werden kann.

In Sachen Lagerbedarf haben die extensiven Imkerinnen die Nase vorn: Wer keine zusätzlichen Honigräume und Rähmchen lagern muss und eher kleine Mengen Honig für den eigenen Bedarf erntet, braucht den Platz hauptsächlich für die Bienen.

RÜCKSICHT AUF DIE NACHBARN

Bei aller Kreativität in der Bienenaufstellung sollte man jedoch auch die liebe Nachbarschaft nicht vergessen. Der Überflug über Nachbars Grundstück, Balkone oder Terrasse sollte erst jenseits der Kopfhöhe erfolgen, was sich gegebenenfalls auch über eine Heckenbepflanzung oder einen Bauzaun mit Folienabspannung erreichen lässt. Wenn die für Bienen gut erreichbare Wasserquelle auch auf dem eigenen Grundstück liegt, bleibt

Bienen sind nicht wählerisch, wenn es um den Standort geht.

Zum Imkern benötigen Sie Platz und müssen auch berücksichtigen, ob sich der Nachbar gestört fühlen könnte.

FÜR IMKERINNEN GEEIGNETE HALTUNGSSYSTEME

	Flachzargen-Imkerei Deutsch Normal/ Zander/ Langstroth (Holz)	zweiteiliger Brutraum & Halbzargen (Holz)	Bienenkiste	einteiliger Brutraum Deutsch Normal 1,5 (Kunststoff)	einteiliger Brutraum Dadant/ Zadant (Holz)	Hinterbe-handlungs-beute
körperliche Belastung	mäßig bis hoch	mäßig bis hoch	Honigernte gering, Durch-sicht mäßig bis hoch	mäßig	mäßig	mäßig bis gering
Lagerbedarf	hoch	hoch	gering	hoch	hoch	mäßig
Stellplatzan-forderungen	gering	gering	mäßig bis hoch	gering	gering	hoch
Wabenbau	Mobilbau (ein Maß)	Mobilbau (zwei versch. Maße)	Stabilbau an Oberträger	Mobilbau (zwei versch. Maße)	Mobilbau (zwei versch. Maße)	Mobilbau (ein Maß)
Honigernte	Waben-, Abtropf- und Schleuder-honig, hoher Honigertrag möglich	Waben-, Abtropf- und Schleuder-honig, hoher Honigertrag möglich	Waben- und Abtropfhonig mit geringem Überschuss	Waben-, Abtropf- und Schleuder-honig, hoher Honigerrag möglich	Waben-, Abtropf- und Schleuder-honig, hoher Honigertrag möglich	Waben-, Abtropf- und Schleuder-honig, hoher Honigertrag möglich
Art der Imkerei	intensiv	eher intensiv	extensiv	extensiv bis intensiv	extensiv bis intensiv	intensiv
Anschaf-fungskosten inkl. Rähm-chen und Zargen	ca. 250,– €	ca. 230,– €	ca. 260,– €	ca. 150,– €	ca. 150,– bis 180,– €	ca. 240,– € zzgl. Bedachung

MEINE EMPFEHLUNGEN

Sie haben sehr wenig Lager- und Stellplatz und wollen extensiv und nur für den Eigenbedarf imkern?
Schauen Sie sich die Top-Bar-Hive an. Je nach verfügbarem Stellplatz sind auch Lagerbeuten wie die Bienenbox oder Golzbeute interessant.

Sie können Ihrem neuen Hobby etwas mehr Lagerpatz einräumen und wollen Ihren Honig auch mit der Schleuder ernten können?
Schauen Sie sich Großraumbeuten an. Für Frauen mit großen Händen, die einen sicheren Griff benötigen, sind Beuten im Zadant-Format interessant, da die Rähmchen die von Zander gewohnten und oft geschätzten langen Rähmchen-Ohren mitbringen. Wer Kompatibilität zu den in Nord- und Ostdeutschland mit Deutsch Normal imkernden Nachbarn sucht, sollte einen Blick auf Beuten im Format

	Warrébeute	Bienenbox	Golzbeute	Mellifera-Einraum-beute	Bienenkugel	Top-Bar-Hive
körperliche Belastung	mäßig bis gering	gering	gering	gering	gering	gering
Lagerbedarf	mäßig bis gering	mäßig	mäßig	mäßig	gering	gering
Stellplatzan-forderungen	gering	gering bis mäßig	mäßig	mäßig	gering	mäßig
Wabenbau	Stabil-bau/ Mobil-bau, eigenes Rähmchenfor-mat	Mobilbau (Kuntzsch hoch)	Mobilbau (Kuntzsch hoch)	Mobilbau, eigenes Rähmchenfor-mat	Mobilbau, eigenes Rähmchenfor-mat	Stabilbau an Oberträgern
Honigernte	Waben-, Abtropf-Schleuder-honig mit geringem Überschuss	Waben-, Abtropf- und Schleuder-honig	Waben-, Abtropf- und Schleuder-honig	Waben-, Abtropf- und Schleuder-honig	Waben- und Abtropf-honig für Eigenbedarf	Waben- und Abtropf-honig für Eigenbedarf
Art der Imkerei	eher extensiv	eher extensiv	extensiv bis intensiv	eher extensiv	extensiv	extensiv
Anschaf-fungskosten inkl. Rähm-chen und Zargen	ca. 130,– €	ca. 240,– bis 370,– €	ca. 180,– bis 220,– €	ca. 340,– €	ca. 420,– €	ca. 250,– bis 280,– €

Deutsch Normal 1,5 werfen, die es in Holz oder Kunststoff gibt und die sich mit vergleichsweise leichten Honigräumen im Halbzargen-Format kombinieren lassen. Insgesamt verbreiteter ist das Dadant-System, dessen Honigräume jedoch recht schwer werden können. Die US-amerikanische Dadant-Version für bis zu zwölf Rähmchen kann frau aber auch mit Langstroth ½ als Honigraum kombinieren. Eine solche erntereife Zarge bringt „nur" 20 Kilogramm auf die Waage.

Sie können Ihrem neuen Hobby nicht nur mehr Lagerplatz einräumen, sondern sind auch kräftig und möchten nur ein Rähmchenmaß in ihrer Imkerei?
Dann sind Langstroth oder Zander im Zwei-Drittel-Maß einen Blick wert – die vollen Honigräume wiegen jedoch jeweils rund 28 respektive 22 Kilogramm!

speziellen Hochwaben-Format. Für die Städter bietet die Bienenbox eine schmale Variante mit Kuntzsch-Rähmchen für die Installation am Balkon. Solche Lagerbeuten setzen wie die von hinten zu öffnenden Hinterbehandlungsbeuten für die Ernte auf die Entnahme einzelner Rähmchen statt ganzer Zargen.

Jede Beute ist und bleibt eben ein Kompromiss. Ansonsten sollte man dem Gedanken „Keep it simple, stupid!" folgen – Fensterchen, Scharniere, Klappen, Haken, spezielle Zwischenböden, Lüftungsgitter und Deckel-

einlagen sind meist eher Artikel, deren Bedeutung der einer Chromapplikation am Auto entspricht: Sie sind eher ästhetisch, selten funktional und meist nach einigen Jahren Witterungserfahrung selbst das nicht mehr.

Die auf Seite 42/43 dargestellte Übersicht verschiedener Beuten ist daher keinesfalls vollständig, noch stellt die Listung eine besondere Empfehlung dar. Alle erfüllen jedoch bei entsprechender Einrichtung und Handhabung die ergonomischen Anforderungen, die einer Imkerin entgegenkommen.

Die Bienenkiste muss für die Durchsicht aufgestellt werden.

Die Bienenkugel benötigt nur einen verhältnismäßig kleinen Stellplatz, bietet aber auch den Bienen nur wenig Raum.

Die Top-Bar-Hive (TBH) wurde eigentlich für die Imkerei in Afrika entwickelt.

Dresscode für die Imkerin

Es ist empfehlenswert, mit Schutzkleidung zu beginnen, auch wenn Sie einer solchen „Verschleierung" eigentlich ablehnend gegenüberstehen. Mit der Bekleidung wird Ihnen die zu Beginn oft noch recht große Sorge vor eventuellen Stichen abgenommen und Sie konzentrieren sich mehr auf das was Sie tun, sehen und hören. Zudem haben Sie mit schmutzigen Zargen und klebrigen Rähmchen zu tun, und vor allem das harzige Propolis hinterlässt dauerhafte Spuren.

OVERALLS

Aus diesem Grunde ist ein Overall, also ein kompletter Anzug, zu empfehlen. Der ist schnell übergestreift, verrutscht nicht und darf dann auch nach Rauch aus dem Smoker stinken. Ein weiterer Vorteil ist der Schutz vor Zecken, sofern frau daran denkt, entweder gut schließende Stiefel oder über die Hosenbeine gezogene Socken zu tragen. Imker wie Imkerinnen sind von der von Zecken übertragenen Lyme-Borreliose und der Frühsommer-Meningo-Enzephalitis (FSME) besonders häufig betroffen. Um die Zecken nicht doch noch zum Festmahl einzuladen, sollten Sie den Imkeranzug am besten vor der Heimfahrt oder dem Betreten der Wohnung ausziehen und vom persönlichen Lebensbereich getrennt aufbewahren.

Leider haben die Hersteller von Imkerbekleidung noch nicht mitbekommen, dass mehr und mehr Frauen in die Imkerei strömen. So haben wir Frauen uns noch immer in sackförmige Zuschnitte mit meist zu langen Armen und Beinen zu zwängen. Bestenfalls findet man Modelle mit verstellbaren Taillen-Gummis, wie man das von Kinderhosen kennt (etwa von Swienty). Und inzwischen

Zumindest zu Beginn einer Imkerinnenkarriere sollten Sie nicht auf Schutzkleidung verzichten.

gibt es auch noch andere Farben als das sehr empfindliche Weiß. Beige, Ocker, Olivgrün oder Braun sind im Imkerinnenalltag wesentlich besser geeignet.

Sehr praktisch sind mit Reißverschlüssen befestigte Hauben, wobei manche Modelle so ungünstig geschnitten sind, dass der Hut den Kopfbewegungen nicht folgen kann, weil der Stoff spannt. Testen Sie daher den Anzug, indem Sie sich ausgiebig bewegen. Sie benötigen zu allen Seiten gute Durchsicht und das bei jeder Position.

Mit Klettband verschließbare und ausreichend große Taschen sind ein Muss. Normalerweise muss nur leichte Sommerbekleidung unter dem Anzug getragen werden. Dennoch sollte man hautenge Varianten meiden. Viele der leichteren Anzugsstoffe sind nur dadurch

Ein Overall schützt nicht nur vor den Bienen, sondern auch vor Zecken und klebrigem Propolis.

einigermaßen stichdicht, da sie Abstand zur Haut haben. Die dickeren, enger anliegenden Baumwollstoffe können im Sommer jedoch unerträglich warm werden.

Einen interessanten Ansatz liefert der futuristische „Original Honigmann"-Anzug, der eine in Amerika entwickelte Lösung aufgreift: Zwei Lagen Netzgewebe werden durch ein dickeres Kunststoffgitter auf Abstand

gehalten. Dadurch ist der Anzug in der Sommerhitze sehr luftig und aufgrund des Abstands stichsicher, allerdings auch recht durchsichtig und zumindest zu Beginn ungewohnt steif auftragend. Inzwischen finden sich baugleiche Anzüge bei vielen Händlern.

Ein sehr leichter Anzug aus England ist der bekannte Sherriff-Anzug. Es ist ein nicht gerade preiswerter Anzug, dem leider auch jede Taillierung sowie eine verschließbare Brusttasche im Handy-Format fehlt – er besticht jedoch durch die aufwendige Haubenkonstruktion ohne beschattenden Hut, sodass man gut sehen kann.

Doch ganz gleich, welchen Anzug Sie auch wählen: Schöner wird frau damit nicht … Aber mit Anzug ist sie für die Arbeit an den Bienen gut gerüstet!

HANDSCHUHE

An der Frage der Handschuhe scheiden sich die Geister. Lederhandschuhe schützen zwar gut, machen die Hände jedoch auch unempfindlich und fördern nicht gerade das bienenfreundliche Imkern, da eine der wertvollen Mitarbeiterinnen schnell gequetscht ist. Zudem stechen die Bienen in die Handschuhe und markieren sie so dauerhaft als Angriffsziel – beim nächsten Besuch sind die Damen dementsprechend stichig.

Gänzlich ohne Handschuhe erfreut sich die Imkerin jedoch in kürzester Zeit an mit Propolis verschmierten Fingernägeln, und der unbedachte Griff zum Smartphone hinterlässt dort hartnäckige Spuren.

Daher ist das Imkern mit Einweghandschuhen zu empfehlen (wobei man diese Handschuhe durchaus mehrfach verwenden kann). Sie sind schmutzresistent, aber nicht stichfest – so bleibt die angehende Imkerin auch immer schön hautnah im Kontakt und lernt recht zügig, wo und wie anzupacken ist.

Stockmeißel, Smoker & Co.

Das Handwerkszeug ist überschaubar: Ein gut in der Hand liegender Stockmeißel, ein **Bienenbesen** mit etwas festeren, steiferen Borsten und ein Smoker machen das Outfit komplett. Bitte verzichten Sie auf Gänseflügel und Imkerpfeife, die bei aller Imkerromantik heute ihren Ehrenplatz im Museum finden sollten.

Der **Stockmeißel** sollte aus Edelstahl und unlackiert sein. Damit man ihn im Gras schneller findet, kann man ihn mit leuchtend farbigem Klebeband auffällig gestalten. Praktisch sind Exemplare mit integriertem Wabenheber, einem verlängerten, leicht gebogenem Haken.

Beim **Smoker** sollte man nicht sparen und durchaus ein größeres, höherpreisiges Exemplar wählen, da sich diese besser anzünden lassen und länger brennen. Was frau nicht braucht, sind teure Imkertabakmischungen. Es genügen Eierkarton mit Kleintierstreu, getrocknetes Moos oder Rainfarn, die sich mithilfe einer Lötlampe wunderbar zum Qualmen bringen lassen.

Mit einer **Wabenzieher-Zange** lassen sich Rähmchen am Oberträger greifen und mit einer Hand herausziehen. Dabei sollte man darauf achten, dass die Zange auch für modifizierte Oberträger geeignet ist.

Falls die Königin mal gesichert werden muss, ist ein **Abfangkäfig** (Clipkäfig) zum unbeschadeten Greifen und Fangen der Königin empfehlenswert.

Damit ist die Grundausstattung schon komplett. Natürlich kann man sie noch sinnvoll ergänzen. So empfiehlt sich gerade für die Einsteigerin die Beschaffung einer **Lupenbrille**. Diese praktischen Geräte lassen sich im Internet schon für unter 10,– € erwerben und werden oft mit einer Vielzahl austauschbarer Lupenaufsätze und einer Beleuchtung geliefert. Damit lassen sich die winzigen, aber wichtigen Details, etwa die Eier in den Brutzellen, besonders gut beobachten.

Ebenfalls nützlich ist ein **Stethoskop** zum Belauschen der Völker im Winter. Auch das Tüten und Quaken junger Königinnen in der Schwarmzeit lässt sich damit gut hören. Für den bienendichten Transport von abgekratzten Wachsresten sollte eine kleine, dicht schließende Dose griffbereit sein.

Ebenso praktisch ist ein elektrischer **Stichheiler**. Diese kleinen Geräte sind von verschiedenen Herstellern erhältlich und erhitzen die Stelle, an der die Biene gestochen hat. Dadurch denaturieren sie die Bestandteile im Bienengift, die für die schmerzhafte Stichreaktion verantwortlich sind. Zwei- bis dreimal direkt nach einem Stich angewandt, sorgt der Stichheiler dafür, dass sich die Schwellungen und die schmerzhafte Erinnerung im Rahmen halten.

Eine elektronische **Kofferwaage** eignet sich für die Prüfung der Futter- wie Honigvorräte. Sie sollte ein beleuchtetes Display besitzen und die Speicherung des letzten Messwerts ermöglichen, sodass man ihn bequem im entlasteten Zustand ablesen kann. Ein kleines **Küchenmesser** ist auch recht praktisch und kommt dann zum Einsatz, wenn der Stockmeißel zu grob und breit ist. Eine kleine **Taschenlampe** hilft dabei, auch bei der Dämmerung noch sicher heimzufinden.

Dokumentationswerkzeug ist ebenfalls unverzichtbar – seien es Stockkarten, Smartphone-Apps, Notizhefte oder Imkerkalender. Jeder Eingriff sollte dokumentiert werden, insbesondere das Vertauschen von Waben oder Bienen zwischen verschiedenen Völkern.

Viele Imker notieren dies auf den Beuten mit Kreide oder legen Stockkarten unter die Deckel. Da es schnell gehen muss, werden gern Abkürzungen verwendet wobei es keine vereinheitlichte „Sprache“ gibt. Nachteil ist jedoch, dass so die Informationen immer nur bei der Beute bleiben und dort auch mitsamt derselben verschwinden können. Zudem sollte die Möglichkeit bestehen, im Nachhinein nachvollziehen zu können, was man alles wann an den Bienen gemacht oder beobachtet hat. Daher lieber etwas mehr als etwas zu wenig notieren.

♀ ! ?	=	**Königin, gesehen/fehlt**
♂	=	**Drohnen vorhanden**
B 1,2	=	**Brut, 1 Eier, 2 Larven, 3 gedeckelt**
∩ ∩	=	**Weiselnäpfchen, leer/bestiftet**
Ø	=	**Weiselzelle, geschlüpft/entfernt**
♀ X	=	**Königin umgeweiselt**
[♀]	=	**Königin zugesetzt**
H ↓↑	=	**Honigraum auf/ab**
3]	=	**Mittelwand, 3 zugegeben**
∂̸	=	**Baurahmen ausgeschnitten**
∂ 2+	=	**Ausgebaute Wabe, 2 zugegeben**
Fx!	=	**Futtervorrat, kein/reichlich**
□ 2	=	**20 cm² Futter beiderseits = ½ kg**
G 2.	=	**Absperrgitter, über 2. Magazin**
V III	=	**Volk, schwach/stark/sehr stark**

Mit verschiedenen Dokumentationskürzeln können Sie schnell notieren, welche Arbeiten Sie durchgeführt und was Sie beobachtet haben.

Ebenso sollte sich die angehende Imkerin frühzeitig mit dem **Zeichnen von Königinnen** beschäftigen und das dafür erforderliche Handwerkszeug beschaffen. Opalithplättchen in den fünf Jahresfarben – am besten die besonders leuchtstarke Variante – und Sekundenkleber (in der Gel-Variante) haben sich bewährt. Der oft für die Plättchen verkaufte Schellack ist sehr flüssig und hält nur schlecht. Lackstifte trocknen schnell ein und überdauern wie der Schellack meist nicht einmal einen Winter.

Damit das Zeichnen sicher gelingen kann, haben findige Köpfe inzwischen bessere Alternativen als das klassische Zeichenrohr mit Gitternetz und Stempel entwickelt: Das Zeichnungsrohr mit Klarsichthaube und Schlitz sowie einem mit Schaumstoff gepolsterten Stempel fixiert die Königin an der richtigen Stelle, sodass die Imkerin beide Hände frei hat. Damit lässt sich das Plättchen mit etwas Kleber versehen und auf den Rücken der Königin kleben. Für das **Verschließen oder Einengen der Fluglöcher** hat sich zurechtgeschnittener Schaumstoff bewährt.

Für den **Transport** der Accessoires eignen sich Gucci- oder Prada-Handtaschen weniger. Wenn es schon „Marke“ sein soll, könnten Sie zu Fabrikaten namhafter Outdoor-Ausrüster greifen, die jedoch schon wieder viel zu schade sind. Preiswerter und praktischer sind Werkzeugkoffer aus dem gut sortierten Baumarkt. Diese Kunststoff-Koffer lassen sich gut auswaschen und werden mit einer Vielzahl von Einsätzen und variablen Fächern angeboten.

Wer den Smoker im Auto transportieren möchte, sollte ihm einen Ascheneimer mit Deckel gönnen – da ist er brandsicher und halbwegs geruchsdicht zu transportieren.

Für den Transport und die Lagerung von Waben und Rähmchen sollten Sie sich im Baumarkt mit passenden, bienendicht verschließbaren Kisten aus lebensmittelechtem Kunststoff (erkennbar am eingeprägten „Messer-und-Gabel-Symbol") versorgen. Auch hier sollten Sie das Gewicht im Hinterkopf behalten. Es müssen also nicht viele Rähmchen hineinpassen, doch sie sollten komplett und in richtiger Ausrichtung – nämlich stehend/hängend – in die Kiste passen. Da der Wabenbau der Bienen leicht nach oben geneigt errichtet wird, laufen selbst offene Honigzellen in dieser Lage nicht aus.

Wer mit gedrahteten Rähmchen und Mittelwänden arbeiten will, kommt um einen **Einlöttrafo** nicht herum. Hierzu lohnt es sich, in der (am besten männlichen) Bekanntschaft herumzufragen, ob nicht noch eine alte Eisenbahn auf dem Dachboden den Dornröschenschlaf schlummert, denn leider werden Mädchen traditionell eher selten mit Märklin

& Co. beschenkt. Der Transformator solcher Eisenbahnen liefert in der Regel Spannungen von 12 oder 24 Volt.

Solche Geräte gibt es natürlich auch in professionellerer und teurerer Ausführung im Imkereifachhandel. Im Prinzip machen sie jedoch alle dasselbe: Die Pole werden an den beiden Enden der Rähmchen-Drahtung angeschlossen und der Strom führt bei einer Spannung von etwa 12 bis 19 Volt für verzinnten und 38 Volt für den dickeren Edelstahldraht zu ihrer Erwärmung. Eine aufgelegte Wachsmittelwand schmilzt dort, wo sie Kontakt zum Draht hat, und verbindet sich mit ihm. Diese Methode ist sehr elegant. Anfangsstreifen können jedoch auch mit einem Lötkolben oder einer Heißluftpistole befestigt werden.

Darf's ein wenig mehr sein?

Viele Kauflisten für Einsteiger zählen ein umfangreiches Inventar für die Honigernte auf, was die Anfangsinvestitionen in abschreckende Höhen treibt. Die mit Abstand größte Investition ist die in eine **Schleuder**. Dabei brauchen Sie zu Beginn der Imkerei noch keine – insbesondere, wenn Sie sich noch nicht über die endgültige Form der Bienenhaltung sicher sind. Oft lässt es sich günstig im Verein oder bei Vereinskollegen schleudern, und bei der Honigernte für den Eigenbedarf gibt es auch Alternativen.

Das zum Schleudern erforderliche **Entdeckungsgeschirr** und -gerät ist demnach auch nicht sofort erforderlich. Da es auch hier viele Varianten gibt, ist es hilfreich, sie zunächst kennenzulernen, bevor Sie sich in Investitionen stürzen.

Wesentlich wichtiger ist dagegen eine Grundausstattung für den **Schwarmfang**. Gerade als Einsteigerin müssen Sie damit rechnen, dass ihnen eher Schwärme entweichen als den lieben Kollegen. Das ist auch vollkommen in Ordnung und kein Zeichen von schlechter Imkerei, denn der Schwarm ist etwas vollkommen Natürliches und auch sehr Schönes.

Für die Imkerin ist der Schwarmfang als persönliche Weihe zu verstehen, die in der Regel ohne Vorwarnung über sie kommt. Sie sollten sich darauf vorbereiten. So benötigen Sie eine geeignete **Schwarmfangkiste**. Leider gibt es nur wenige wirklich gute im Handel und in Internetforen geistern diverse preiswerte Alternativen durch die Threads. Von Pflanzkörben für Seerosen bis hin zu Drahtpapierkörben von Ikea ist alles zu finden, doch im Krisenfall hat man oft weder das eine noch das andere zur Hand. Zudem erweisen sich die Geräte in der Aufregung des ersten Schwarmfangs oft als zusätzliche Hürde, da die Einsteigerin ihre Verwendung erst noch meistern muss. Daher sollten Sie sich schon zu Beginn einen vernünftigen Kasten anschaffen oder schenken lassen. Sie können ihn auch recht gut selber bauen.

Es sollte eine ausreichend große Kiste von rund 25 Litern Volumen und großen Gitterflächen sein, damit der Bienenschwarm nicht „verbraust", also infolge der Aufregung beim Fang nicht überhitzt und erstickt. Ein kleines, verschließbares Flugloch oder eine mit einem Absperrgitter versehene Zulauföffnung ermöglichen den letzten Arbeiterinnen den Zugang.

Der Kasten sollte von oben schnell zu öffnen und bienendicht verschließbar sein. Dabei erweisen sich Lösungen mit einzuschiebender Deckelplatte oft als zu hakelig – praktischer ist eine simple, an Scharnieren hängende Klappe, die einfach und schnell zugeklappt werden kann. Ein zusätzlicher Riegel sichert den Deckel auch im Auto. Ein Umhängegurt ist ebenfalls sehr zu empfehlen, denn ein großer Naturschwarm kann über vier Kilogramm auf die Waage bringen. Wenn Sie auf einer Leiter stehen und ihn mit einem Arm halten müssen, kann das kritisch werden.

Das Leergewicht der Kiste sollten Sie auf dem Kasten notieren – so können Sie das tatsächliche Schwarmgewicht einfach mit einer Gepäckwaage ermitteln. Wenn Sie den Kasten auch einmal außerhalb des eigenen Gartens einsetzen wollen, sollten Sie Ihre eigene Mobilfunknummer darauf in großen Lettern anbringen, damit Sie erreicht werden können, wenn Sie sich einmal entfernen müssen. Schließlich dauert das Sammeln der Bienen auch ein Weilchen und das Weilchen verbringt man dann gern auch einmal woanders.

Ein **Schwarmfangsack** mit einer langen ausziehbaren Teleskopstange (die gibt es im Gebäude- und Fensterreinigungsbedarf) kann bei hoch hängenden Schwärmen hilfreich werden und ein guter Wassersprüher zum Befeuchten des Schwarms vor dem Fang komplettiert die Ausrüstung.

Ein gute Schwarmfangkiste ist luftig, aber dennoch bienendicht verschließbar.

Notfalls lässt sich ein Schwarm auch mit einem Kunststoff-Papierkorb sammeln.

Woher bekomme ich welche Bienen?

Bienen bekommt man in der Regel nicht im Tierheim und nicht über den Kleinanzeigenmarkt. Im Anzeigenteil der Bienenzeitungen und im Internet finden sich dagegen genug Angebote, die mit attraktiven Attributen versehen sind: „sanftmütig", „schwarmträge" und „ertragreich" sind sie und manche sogar „belegstellenbegattet". Oder sie tragen sogar Markenbezeichnungen wie „Troiseck" oder „Peschetz".

Lassen Sie sich nicht blenden und verleiten. Zu Beginn brauchen Sie einfach nur Bienen – am besten aus Ihrer Region und nicht aus der Fremde oder gar per Paketpost. In Ihrer Region gibt es bereits gute Bienen, denn viele Imker und Imkerinnen haben schon daran mitgewirkt und stechfreudige wie auch allzu schwarmlustige Linien aussortiert.

Was übrig bleibt, wird gemeinhin als „Landrasse" bezeichnet und genügt vollkommen für den Anfang – es sei denn, Sie wollen aus Überzeugung bestimmte Linien pflegen (zum Beispiel, weil sie selten geworden sind). So betrachten Freunde der Dunklen Biene (*Apis mellifera mellifera*) diese einst weitverbreitete Bienenunterart als eine vom Aussterben bedrohte Haustierrasse. Doch bevor Sie sich an diese vergleichsweise teuren Spezialitäten machen, sollten Sie erst die Grundlagen beherrschen und dafür tun es eben auch die leicht verfügbaren „Allerweltsbienen" aus Ihrer Region.

NÖTIGER PAPIERKRIEG

Vor dem Bienenkauf sollten Sie sich jedoch vergewissern, dass Sie aktuell überhaupt Bienen aufstellen können. Gelegentlich muss der Amtstierarzt aufgrund des Ausbruchs der Amerikanischen Faulbrut, einer sich seuchen-

artig verbreitenden Bienenkrankheit, Sperrbezirke einrichten, in die dann keine Bienen verbracht werden dürfen. In diesem Fall müssen Sie sich einen anderen Platz für die Bienen suchen oder den Start noch etwas verschieben – ein Anruf beim zuständigen Amtstierarzt klärt diese Frage.

Dabei sollten Sie auch nachfragen, ob Ihr Bienenstand einem Belegstellenschutz unterliegt – das sind Reinzuchtgebiete, in denen bestimmte Zuchtlinien (die eingangs erwähnte „Troiseck" ist so eine) erhalten und gezüchtet werden. Ist das der Fall, dann müssen Sie zwangsläufig Völker mit Königinnen von der in Ihrem Bereich liegenden Belegstelle halten. Das bedeutet, dass Sie Ihre angeschafften Völker in der Regel „umweiseln" müssen – Sie müssen die Königin austauschen. Das klingt komplizierter als es ist, und in der Regel erhalten Sie damit sehr gute Königinnen sogar preiswerter, da sie an die Imker im Schutzbereich oft subventioniert abgegeben werden.

Aber auch ohne Sperrbezirk oder Belegstellenschutz braucht es „Papierkram" für die Bienen, denn Ihr Bienenverkäufer muss Ihnen ein gültiges Gesundheitszeugnis liefern. Es darf nicht vor dem 1. September des Vorjahrs ausgestellt worden sein. Ausgenommen davon sind Naturschwärme, die keinen Wabenbau haben und daher formaljuristisch nicht als Volk gelten. Hier sollte Ihnen der Verkäufer jedoch schriftlich mitteilen, wo und wann der Schwarm gefangen wurde, damit Sie gegenüber dem Amtstierarzt die Herkunft der Bienen belegen können. Der Fangort muss außerhalb bekannter Faulbrut-Sperrbezirke liegen und der Schwarm sollte vor dem Einlogieren ausreichend lang gehungert haben, damit etwaige Krankheiten vor der Tür bleiben.

BIENENRASSEN

Ideal ist es, wenn Ihnen Ihr Imkerverein beim Bienenkauf hilft. Viele Vereine versorgen ihre Anfänger schon aus Selbstschutz mit netten Bienen oder begleiten sie beim Kauf. Da sich alle Bienenhalter sozusagen dieselbe Allmende teilen und vor allem die Bienenmänner, die Drohnen, für munteres Einkreuzen untereinander sorgen, sind alle daran interessiert, dass die Eigenschaften stimmen.

In manchen Vereinen schlägt einem jedoch ein mehr oder minder unterschwelliger Rassismus entgegen. Vor allem der Buckfast-Biene, einer Hybrid-Zucht aus diversen europäischen Bienenrassen, wie auch der Dunklen Biene weht ein scharfer Wind ins Gesicht. Plötzliche „Stecher" sollen fast immer das Ergebnis einer unerwünschten Verpaarung mit Drohnen dieser Rassen sein. Dabei ist gerade in der Stadtimkerei der Versuch vergeblich, noch irgendeine „reine" Linie zu bewahren, sofern man die Königinnen nicht zur Verpaarung auf spezielle Belegstellen schickt.

Alle diese Bienen sind untereinander kreuzbar und variieren sogar innerhalb einer Linie stark. Damit funktioniert eine „Reinzucht" nur unter extrem kontrollierten Bedingungen wie auf abgelegenen Inseln oder durch künstliche Besamung. Selbst die angeblich von allen gehaltenen Carnica-Bienen (*Apis mellifera carnica*) weisen oft einen bunten Mix in ihrer Arbeiterinnenschar auf. Das können Sie an Bienen mit rötlichen Hinterleibsringen erkennen – ein Erbe der in der Linie der Buckfast-Biene eingekreuzten Italienischen Biene (*Apis mellifera ligustica*). Auch die Italienische Biene selbst wird inzwischen dank immer milder werdender Wintern in einigen Ecken Deutschlands erfolgreich gehalten.

Der rötliche Hinterleib, der hier an der Buckfast-Königin deutlich zu sehen ist, ist ein Erbe der Italienischen Biene.

Lassen Sie sich also von den teilweise fanatisch geführten Diskussionen weder beirren noch dazu verleiten, teure Reinzuchtköniginnen der Rasse XY zu kaufen. Generell sind alle gut züchterisch gepflegten Bienen – ob Carnica, Buckfast oder welche auch immer – ausreichend brav, schwarmträge und fleißig. Mit wachsender Erfahrung und Völkerzahl werden Sie vielleicht damit beginnen wollen, diesen Unterschieden genauer nachzuspüren, aber zu Beginn ist das vermutlich übertrieben.

Keinesfalls sollte das Rähmchenmaß beim Kauf ausschlaggebend für die eigene Haltungsentscheidung sein – Sie können jedes Bienenvolk auf ein anderes Maß umziehen! Nur weil das Rähmchenmaß passt, sollte man nicht über Mängel wie unzureichende Kopfstärke oder fehlendes Gesundheitszeugnis hinwegsehen.

WAS SOLL ICH KAUFEN?

Bienen können Sie in unterschiedlicher Form kaufen, sei es als Ableger, Natur- oder Kunstschwarm sowie als Wirtschaftsvolk. In allen Fällen gibt es Vor- und Nachteile.

Ableger

Ableger sind kleine Völker, die in der Regel durch die Entnahme von Brutwaben und Bienen gebildet worden sind. Sie müssen erst etwas gepäppelt werden und liefern in der Regel im ersten Jahr noch keinen Honig. Sie werden auch bei frühem Kauf nicht schwärmen und sind daher für den Einstieg gut geeignet. Zudem können Sie sich beim Kauf selbst einen guten Eindruck verschaffen und die Anwesenheit der Königin prüfen.

Allerdings werden Ableger mit Brut und allem Drum und Dran geliefert und damit in der Regel auch mit Rähmchen, die vielleicht nicht mit dem eigenen System übereinstimmen. Wenn diese Rähmchen jedoch in die eigene Beute passen, können Sie sie allmählich auf das eigene Format umstellen. Außerdem besteht die grundsätzliche Gefahr des Verschleppens noch nicht erkannter Krankheiten.

Ableger können Sie je nach Region zwischen Mai und August kaufen. Sie müssen umso stärker sein, je später sie gebildet werden. Dabei empfiehlt sich eine gute Beratung, damit aus dem Ableger ein winterfestes Volk werden kann. Das ist aber kein Hexenwerk, sondern ein guter Einstieg in die Bienenpflege.

Naturschwarm

Frühe und starke Schwärme können bei guter Sommerblütentracht in Städten noch rund zehn Kilogramm Honig liefern. Zudem sind sie sehr bauwillig und eignen sich vor allem für extensive Beutensysteme, in die keine Rähmchen passen. Auch extensiv imkernde Einsteigerinnen mit konventionellen Systemen können solche Schwärme nutzen, um die in Rähmchen angebrachten Anfangsstreifen mit feinstem Naturwabenbau ausbauen zu lassen. Die Königin findet man oft in dem Gewusel nicht, doch das Verhalten des Schwarms ist ein guter Indikator, dass alles wichtige „an Bord" ist. Zudem gibt es ein geringeres Risiko für die Übertragung von Krankheiten.

Naturschwärme sind je nach Witterungsverlauf nur zwischen April und Juni verfügbar. Sie sind in der Regel recht günstig, sofern man gute Kontakte zu Schwarmfängern hat. Für Naturschwärme gibt es in der Regel kein Gesundheitszeugnis. Sie sollten sich Zeitpunkt und Ort des Fangs sowie die anschließende Behandlung (zum Beispiel Dauer der Kellerhaft oder eventuell durchgeführte Varroa-Behandlungen) vom Verkäufer schriftlich bestätigen lassen.

Naturschwärme sind gewissermaßen die „Pralinen" unter den Bienen – da weiß man

Naturschwärme kann man zwischen April und Juni bekommen.

nie, was man kriegt! Fehlende oder unerwünschte Eigenschaften wie chronische Schwarmneigung oder Stechfreude lassen sich gegebenenfalls noch in der zweiten Jahreshälfte durch Tausch der Königin beheben. In der Regel bekommt man aber doch das Schönste, was Mutter Natur vom Bien bereithält – lassen Sie sich also überraschen!

Kunstschwarm

Kunstschwärme bestehen aus abgefegten Bienen, die dabei oft gleich mit einer neuen Königin kombiniert werden. Sie sind in Deutschland in etwa ab Mai erhältlich.

Frühere Angebote sind in der Regel Importe aus Südeuropa und sollten grundsätzlich gemieden werden, da der grenzübergreifende Versand schon zur Verschleppung von Bienenkrankheiten und Parasiten geführt hat.

Da die Herkunft genau bekannt ist, sind Zusammensetzung und Eigenschaften der Bienen sehr genau bekannt. Man weiß also recht sicher, was man bekommt. Hier ist natürlich ein Gesundheitszeugnis Pflicht! Die Bienen werden im ersten Jahr keinen Honig liefern, können aber in allen Beutensystemen Quartier beziehen. Allerdings benötigen sie in der Regel nach der Einquartierung eine Futtergabe, denn sie haben nicht so viel Futter an Bord wie die Naturschwärme.

Für Kunstschwärme gilt wie bei Ablegern: Je später gebildet beziehungsweise gekauft, desto stärker sollten sie sein. Während ein Kunstschwarm im Mai noch mit 1,5 Kilogramm ausreichend ist, braucht er im Sommer mehr auf den Rippen und sollte zwei Kilogramm nicht unterschreiten – besser sind 2,5 Kilogramm!

Wirtschaftsvolk

Ein Wirtschaftsvolk hat beim Kauf mindestens einen Winter hinter sich und ist je nach Kaufzeitpunkt normal entwickelt. Von diesem Zeitpunkt und der zu erwartenden Blüte hängt ab, ob das Volk noch im selben Jahr Honig liefern wird. Es muss aber auch entsprechend gepflegt werden – inklusive Schwarmverhinderung und allem Drum und Dran. Für eine Einsteigerin kann das eine ganz schöne Herausforderung sein. Zudem sind diese Völker gerade im Frühjahr sehr teuer und werden wie Ableger samt Rähmchen geliefert. Der Umzug in eigene Beutensysteme kann dadurch recht aufwendig werden.

Wann soll ich einsteigen?

Grundsätzlich ist der Einstieg in die Praxis quer durch das Jahr möglich. Am preiswertesten gelingt er nach der Sommerernte zwischen Juli und September. Dann geben viele Imker günstig überzählige Völker oder Kunstschwärme ab, die Sie dann päppeln, füttern und behandeln müssen, damit sie gut durch den Winter kommen. Die Völker sind dann noch vergleichsweise leicht zu transportieren, ehe sie kiloweise mit Zuckersirup aufgefüttert werden. Das Überwinterungsrisiko liegt dann bei der noch unerfahrenen Einsteigerin. Diesen Weg sollten Sie also nur dann wählen, wenn Sie gute fachliche Begleitung haben.

Im Frühjahr hingegen sind die Preise für die Völker hoch und die Imker eher „geizig" bei der Abgabe von Bienen und Brutwaben. Dann sind Bienen am teuersten – gerade nach verlustreichen Wintern und mit Varroa geplagten Vorjahren. Hier sollten sich gerade Einsteigerinnen, die ihr Budget schon in Imkerkleidung und Beuten versenkt haben, in Geduld üben.

Während die ersten Schwärme noch reißenden Absatz finden, sind die späten gerade in den schwarmgesegneten Städten oft Ladenhüter. Nicht nur weil sie als sogenannte „Nachschwärme" kleiner und oft noch mit unverpaarten Königinnen unterwegs sind, sondern weil eben viele der Kollegen keine freie Beute mehr haben. Das ist dann der Moment, wo man als Einsteigerin gut und günstig zugreifen kann. Solche Schwärme sind nicht nur preiswert, sondern auch unglaublich vital. Sie werden überrascht sein, wie sich so ein Häufchen Bienen von einem bis anderthalb Kilogramm Gewicht entfalten kann. Die Honigernte mag dann im ersten Jahr zwar ausfallen, aber dafür ist kein „Nachtragshaushalt" notwendig.

Nachteilig ist, dass Sie sich leider nicht sicher sein können, ob es mit dem Schwarm auch klappt. Sie müssen sich bei vielen Schwarmfängern und Kollegen wiederholt in Erinnerung bringen, und selbst dann kann es scheitern. Nicht jedes Jahr liefert viele und gute Schwärme und dann sollten Sie einen „Plan B" in der Tasche haben. Hier bietet sich entweder der späte Kunstschwarm an, den Ihnen die Vereinskollegen bei der letzten Ernte aus dem Honigraum zusammenkehren, oder ein Ableger in einem halbwegs passenden Rähmchenformat. Ein engagierter Imkerverein sollte Sie dabei unterstützen.

In diesem Schwarm ist die Königin bereits gekennzeichnet.

Augen auf beim Bienenkauf!

Pfirsiche und Nektarinen können Sie leicht drücken und bei der Ananas zupft die erfahrene Einkäuferin an den inneren Blättchen – doch wie erkennt man die Qualität von Bienenvölkern?

Das Gesundheitszeugnis ist eine Voraussetzung, um sich überhaupt ernsthaft mit dem Kaufangebot zu beschäftigen. Wie beim Lebensmittelkauf sollte auch der Verkäufer eine gute Figur machen – offen herumliegende Waben, überwucherte Bienenstände, bunt zusammengetragenes und ungepflegtes Material sollten eher zur Vorsicht mahnen. Auch im Gespräch lässt sich gut ein Eindruck von der imkerlichen Qualifikation gewinnen – fragen Sie nach der erfolgten Varroa-Behandlung oder der Herkunft der Königin und haben Sie keine Scheu, einem Kauf auch eine Überlegungsfrist voran zu setzen. Ein guter Verkäufer wird sie Ihnen einräumen (wenn auch womöglich nicht besonders großzügig).

Nette Bienen ziehen sich in die Wabengassen zurück und schauen Sie an!

NETTE BIENEN SCHAUEN SIE AN!

Optimal ist es, wenn der Verkäufer Ihnen eine Auswahl an Völkern bietet, die Sie sich anschauen können. Bei der Durchsicht zeigen sich schnell Unterschiede, die auch der Einsteigerin auffallen. Schon beim Öffnen der Kiste sieht man den ersten: Nette Bienen gucken Sie an!

Auf die Rauchgabe mit dem Smoker ziehen sie sich willig in die Wabengassen zurück, und da sitzen sie aufgereiht, Biene an Biene, und schauen Sie aufmerksam an. Nach einer Weile traut sich die erste wieder auf den Oberträger und die nächste schiebt sich hinterher. Es gibt kaum auffliegende Bienen, und wenn Sie doch eine mit hellem Summton aufgeregt umkreist, ist das auch kein Problem – bei rund 50 000 Bienen im Volk (die zudem noch verschiedene Väter haben) kann auch mal eine ihren schlechten Tag haben.

Unfreundliche Bienen zeigen Ihnen hingegen eher den Allerwertesten, und manchmal dringt ein wortwörtlich stechender Geruch in Ihre Nase. Oft quellen die Bienen schon beim Öffnen des Deckels aufgeregt hervor und fliegen in großer Zahl auf. Diese Bienen werden auch beim sanften, erschütterungsfreien Ziehen der Waben hektisch auf der Wabe umherlaufen und beim Wenden der Waben um die Rähmchenhölzer strömen. Sanftmütige Gesellen bleiben dagegen oft ganz entspannt auf den Brutflächen sitzen und gehen ungestört ihrem Geschäft nach.

Nun ist ein einmaliger Eindruck beim Kauf sicherlich nicht sehr aussagekräftig, denn auch die Bienenpsyche unterliegt Schwankungen: Schwüle, gewittrige Wetterlagen machen die Tiere reizbarer und unter Räuber-

Diese Bienen sterzeln und lotsen mit Schwarmlockstoff den Stockgenossinnen den Weg in die Beute.

druck oder bei Hunger sind Bienen schlechter gelaunt als bei munter sprudelnder Tracht. Dennoch bekommt ein Stand, dem man sich nicht einmal ohne Schleier nähern kann, sicherlich nicht gerade ein Sternchen ins Klassenbuch – vor allem nicht, wenn Sie die Bienen nicht versteckt und weit ab von Wegen und Nachbarn aufstellen können.

FINDEN SIE DIE KÖNIGIN!

Beim Kauf von Völkern sollten Sie versuchen, die Königin zu finden – ist sie nicht gezeichnet, so kann Ihnen der Verkäufer gleich zeigen, wie das geht. Mit gezeichneter Königin imkert es sich einfach besser, denn Sie entdecken sie sofort auf der Wabe. Mit Farbe und Nummer gezeichnet ist die Königin identifizierbar und falls sie Ihnen mit einem Schwarm entfliegt, weiß der glückliche Finder anhand der Farbe, wie alt die Königin ist.

Die Königin sollte vital und beweglich über die Wabe wandern. Die Arbeiterinnen sollten ohne erkennbare Makel (keine verkrüppelten Flügel, voll ausgebildete Hinterleiber) und mit allen Altersklassen (von weißlich beigefarbenen Frischlingen bis glänzend schwarzen Rentnerinnen) vertreten sein. Alle Brutstadien sollten sich finden lassen, sofern die Königin seit mehr als zwei Wochen Eier legt („stiftet"). Die Brutflächen sollten zusammenhängen und der Jahreszeit und Volksgröße entsprechen.

Pollen- und Honigvorräte komplettieren die Wabenbelegung. Die Waben selbst sollten hellgelb bis karamellfarbig sein – viele undurchsichtig tiefschwarze Waben sind ein Hinweis auf schlechte Wabenhygiene. Ein Drittel bis die Hälfte der Waben sollten jedes Jahr erneuert werden.

SCHWER EINZUSCHÄTZENDE SCHWÄRME

Schwieriger ist die Bewertung bei Schwärmen, in die man nicht so einfach hineinschauen kann. Schwärme sollten kompakt und ruhig in ihrer Box sitzen. Ein tiefes, leises Brummen lässt auf die Anwesenheit einer Königin schließen. Wenn sich ein Teil der Bienen hektisch an der belichteten Seite der Box sammelt, ist das in Ordnung. Auch eine kleine Menge toter Bienen unter der Schwarmtraube ist kein Mangel.

Das Gewicht ist oft schwer zu schätzen, da das „Verpackungsgewicht" leider oft nicht bekannt ist. Hier ist man ganz auf die Angaben des Verkäufers angewiesen – Bienenkauf ist eben Vertrauenssache. Im Verein bekannte Schwarmfänger und langjährige Mitglieder haben jedoch in der Regel das Bedürfnis, ihren guten Ruf zu bewahren. Sie sind daher eher zu empfehlen als vergleichsweise „anonyme" Verkäufer im Internet. Bienen lassen sich weder reklamieren noch umtauschen. Es sind eben echte Naturprodukte.

„Das sieht
sehr übersichtlich
aus!"

AUS DEM FILM „ÖDIPUSSI"
VON LORIOT

Kleine Rezeptsammlung

Sind die Utensilien und die Bienen erst einmal eingezogen, beginnt nach der Theorie endlich auch die Praxis, bei der Sie in der Regel feststellen werden, dass sie sich sehr vom Gelesenen unterscheidet. Die Imkerei ähnelt daher den klassischen Küchen-Erlebnissen, bei denen das Ergebnis stundenlanger Mühen oft akzeptabel ist, aber nicht so begeistert wie das Rezept im Kochbuch.
Oft profitieren diese Rezepte von etwas Experimentierfreude und aus Erfahrungen, die Koch oder Köchin mit anderen Rezepten gemacht haben.

Auf einer ähnlichen Klaviatur muss nun die Imkerin spielen lernen und diese Einzelstücke – abhängig von Wetterbedingungen, Volksentwicklung, eigenen Zielen und Planungen – sinnvoll kombinieren. Starre Betriebsweisen mit präzisen, monatlichen Handlungsanweisungen mogen regional und sofern tagesaktuell gegeben – funktionieren, doch als „Buchwissen" können sie bei dem einen klappen und bei der anderen grandios scheitern.

Die im Folgenden gegebenen „Rezepte" sind sozusagen Ihr Handwerkszeug und sollten sowohl in der extensiv wie intensiv betriebenen Imkerei sicher beherrscht werden. Welche der Methoden dann dauerhaft in Ihren Imkeralltag einziehen wird, wird sich zeigen und sich auch mit der Zeit verändern. Womöglich werden auch neue Ansätze Einzug halten (müssen), damit die Bienen und die Imkerin mit den rapiden Änderungen ihrer Umwelt Schritt halten können.

Basisrezepte für alle Gelegenheiten

Ob klassische Mehlschwitze oder Hühnerbrühe: Die folgenden „Basisrezepte" und das zugehörige Hintergrundwissen sollten Sie sofort parat haben, selbst wenn Sie aus dem Tiefschlaf geweckt werden! Folgende Übungen sollten Ihre ersten Imkerjahre prägen:

Übung 1: Üben Sie das Einlöten von Mittelwänden oder Anfangsstreifen.

Übung 2: Ein Bienenvolk durchschauen – versuchen Sie, alle drei Bienenkasten, ihre Entwicklungsstadien sowie Pollen- und Honigvorräte zu erkennen.

Übung 3: Erzeugen Sie Ihren ersten Ableger.

Übung 4: Lernen Sie das Zeichnen – zuerst an Drohnen und Arbeiterinnen, ehe die erste Königin „gekrönt" wird.

Übung 5: Ernten Sie Ihren ersten Honig!

Übung 6: Gemülldiagnose – suchen Sie Varroa-Milben, Pollenhöschen, abgenagte Zelldeckel und andere Fundstücke auf dem Bodenschieber.

Übung 7: Behandeln Sie die Bienen gegen die Varroa-Milbe.

Übung 8: Füttern Sie Ihre Bienen und erkennen Sie Räuberei!

VORBEREITUNG DER RÄHMCHEN

Das Befestigen von Wachsleitstreifen – von der dünnen Wachskante bis hin zur kompletten Mittelwand – ist schnell erlernt. Bei einer kompletten Mittelwand sollte der Draht gut gespannt sein, jedoch nicht so stark, dass sich die Rahmenleisten verbiegen. Zum Nachspannen der Drahtung werden häufig spezielle Werkzeuge verkauft, die den Draht verdrillen, was auch die Haltbarkeit der eingelöteten Mittelwand verbessern soll.

Händisch gezogen lässt sich der Draht am Ende über eine eingelegte Lasche nachspannen. Sie können auch den eingeschlagenen Nagel etwas herausziehen, um den Draht fester zu wickeln. Edelstahl ist dicker, lässt sich schwerer spannen und benötigt mehr Strom zum Einlöten als verzinnter Draht. Da Behandlungen gegen die Varroa-Milbe auch mit organischen Säuren durchgeführt werden, sollte Edelstahl zumindest im Brutraum der Standard sein.

Häufig passen die Mittelwände nicht so recht in das zugehörige Rähmchen, da sie sich je nach Außentemperatur ausdeh-

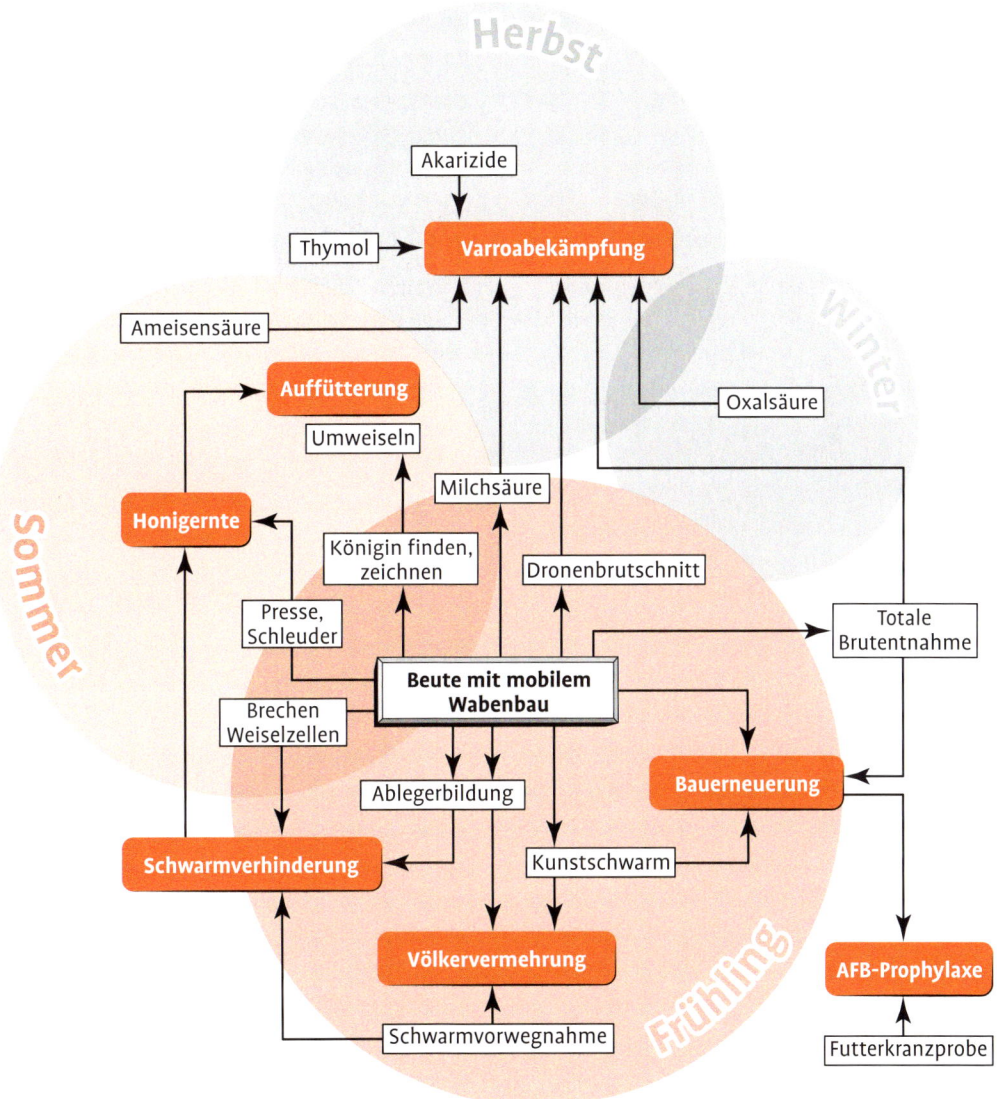

Imkerliche Tätigkeitsfelder im Netzwerk möglicher Werkzeuge – die richtige Kombination unter Berücksichtigung von Wetter, Jahreszeit, Volksentwicklung und Standort ist die imkerliche Kunst!

nen oder zusammenziehen. Zudem werden die Mittelwände bei kühlen Temperaturen spröder. Sie brechen dann leicht. Am besten lötet man sie daher zimmerwarm ein und lässt nach unten und zu den Seitenteilen ein paar Millimeter Platz. Ansonsten muss man damit rechnen, dass die Mittelwand oder der Anfangsstreifen Wellen schlägt, die sich im Wabenbau fortsetzen. Das erschwert später die Durchsicht und bietet leicht zu übersehende Verstecke für Weiselzellen in der Schwarmzeit. Die fertig eingelötete Mittelwand sollte plan im Rähmchen liegen, Kontakt zum Oberträger und etwa fünf Millimeter Abstand zum Unterträger haben. Die Drähte sollten in etwa mittig eingeschmolzen sein, sodass sich auf beiden Seiten der Mittelwand in etwa die gleiche Länge blanken Drahts befindet.

Bei Anfangsstreifen genügen Breiten von zwei bis drei Zentimetern, doch müssen Sie besonders gut darauf achten, dass der Anfangsstreifen Kontakt zum Oberträger hat. Solche kurzen Stücke einzulöten ist nicht immer ganz einfach. Man kann dabei sehr schnell aus einem langen Streifen fünf kurze machen. Hier bieten sich der Lötkolben oder die Heißluftpistole an. Das Angießen mit flüssigem Wachs erfordert dagegen schon sehr viel Fingerspitzengefühl und ein Gießgerät mit spitzer Tülle.

Bei manchen extensiven Systemen, die nur einfache Leisten ohne Seitenteile und Unterträger vorsehen, sollte zumindest eine Nut vorhanden sein, in die der Mittelwandstreifen eingeschoben werden kann. Falls Sie ganz ohne Mittelwandstreifen auskommen wollen, können Sie Varianten mit einer aufgeklebten Dreieckleiste oder einer sich zu einem feinen Steg verjüngenden Profilleiste benutzen. Durch sie werden die Bienen zum Bau entlang der Leiste motiviert. Alternativ bietet sich ein Wollfaden an, der in das flüssige Wachs getaucht und anschließend mittig auf die Unterseite der Leiste aufgelegt wird.

Zum Verflüssigen von Wachs ist eine Bain-Marie (ein in der Gastronomie übliches Gerät, das Speisen im Wasserbad warm hält) gut geeignet. Allerdings ist die Leistung dieser Geräte recht bescheiden, sodass das Aufheizen und Schmelzen des Wachses sehr lange dauern kann. Leistungsstärker, aber weniger verbreitet ist ein gradgenau steuerbarer Nudelkocher, der vielleicht als einfallsloses Hochzeitsgeschenk oder als Überbleibsel eines Studentenhaushalts vorhanden ist.

Alternativ kann auch ein mit möglichst wenig Wasser gefüllter Glühweintopf oder Dampfentsafter herhalten – diese Geräte haben eine größere Leistung und schlummern oft ungenutzt in Küchenoberschränken.

Fritteusen sind hingegen selbst bei scheinbar gradgenauer Regelung riskante Wärmequellen und dürfen nicht benutzt werden. Aufgrund ihrer hohen Leistung und des direkten Kontakts zu den offen liegenden Heizstäben kann es zu regionaler Überhitzung über den Flammpunkt des Wachses kommen, was bei Luft- oder Wasserkontakt zur Verpuffung und Entzündung des Wachses führen kann.

Für kleine Wachsmengen ist auch ein sogenannter Simmertopf geeignet, ein doppelwandiger Topf, der für die Erwärmung von Milch und empfindlichen Saucen gedacht ist. In solchen Gefäßen ist die Brandgefahr durch das entzündliche Wachs gering. Zusätzliche Sicherheit schafft die Verwendung einer Induktionskochplatte anstelle eines Gasherdes.

Übung 1

Rähmchen prüfen: Sitzen alle Nägel? Sind die Rähmchen nicht angebrochen oder verzogen? Sind die Rähmchen sauber von Propolis und Wachsresten?

Sofern vorhanden: Draht prüfen und ggf. nachspannen. Der Draht muss nicht straff wie eine Gitarrensaite sein. Metallösen in den Drahtdurchführungen halten den Draht länger straff und erleichtern das Nachspannen.

Abstandsregelung prüfen: Die Hoffmann-Seitenteile sollten sauber gekratzt sein, damit der Abstand stimmt. Wer hingegen mit Abstandshaltern arbeitet, muss diese bei neuen Rähmchen selbst anbringen und sollte bei gebrauchten Rähmchen nachsehen, ob noch alle da sind. Empfehlenswert sind Polsternägel („Pilzköpfe"), von denen Sie nur vier Stück von etwa sieben Millimeter Größe benötigen, die auf jeweils einer Seite des Rähmchens angebracht werden. Zwei werden in den Oberträger (etwas nach innen eingerückt) und zwei am unteren Ende der Seitenteile aufgenagelt. Damit verhindern Sie auch automatisch Störungen des Brutnests durch versehentliches Drehen der Waben beim Zurückgeben.

Mittelwand anpassen: Die raumwarme, plan liegende Mittelwand bei Bedarf mit einem scharfen Messer entlang einer Leiste kürzen.

Mittelwand befestigen: Mittelwand auf die Drahtung legen, sodass sie am Oberträger anstößt, aber nach unten und zu den Seitenschenkeln etwas Platz hat. Die Enden der Drahtung mit dem Einlöttrafo verbin-

den. Bei der Stromgabe kann es hilfreich sein, die Mittelwand mit der flachen Hand oder mittelwandgroßen Platten etwas anzudrücken, sodass der Kontakt zum Draht überall gegeben ist. Liegt der Draht in etwa in der Mitte des Mittelwandquerschnitts, ist die Mittelwand eingelötet und kann – mit dem Oberträger nach unten – zum Abkühlen senkrecht gelagert werden.

••

EIN BIENENVOLK DURCHSEHEN

Auch für militante Nichtraucherinnen gilt: Schützen Sie Ihre Bienen – mit Rauch! Der Smoker ist neben dem Stockmeißel Ihr wichtigstes Werkzeug, selbst und gerade dann, wenn Sie extensiv und bienenschonend imkern wollen.

Beim Durchsehen der Beute kommt der Smoker zum Einsatz.

Über das richtige Füllmaterial des Smokers wird viel philosophiert, doch tatsächlich benötigt man nur kräftig Rauch, und den Bienen ist es dabei offenkundig herzlich egal, ob er nun besonders angenehm riecht. Das gilt aber wohl nicht für die Imkerin – vor allem, wenn sie den Geruch in der Kleidung noch den ganzen Tag lang spazieren trägt.

Der Smoker kommt immer dann zum Einsatz, wenn Bienenleben durch das Verschieben oder Aufsetzen von Beutenbestandteilen bedroht sind, zum Beispiel beim Aufsetzen von Zargen oder Zusammenschieben von Waben.

Der Smoker ist nicht dazu geeignet, eine Wabe besser einsehbar zu machen, da er die Bienen zunächst in heilloser Panik zu den Futterkränzen treibt und man in dem Gewusel noch weniger sieht als zuvor. Hierfür ist ein zartes Anpusten der Bienen besser geeignet. Zudem bleiben „gute" Bienen auch „wabenstet". Das bedeutet, dass sie ruhig und langsam ihren Geschäften auf der Wabe weiter nachgehen, sofern sie sanft und erschütterungsfrei gehandhabt wird.

Je nach verwendetem Beutentyp erfolgt die Durchsicht auf unterschiedliche Weise – manche Systeme wie die Bienenkiste sehen vor, dass man die ganze Kiste erst aufständern muss, wodurch wirklich alle Bienen sofort mitbekommen, dass sie gerade gestört werden sollen. Mit Schied geführte Magazine werden von oben und von der Seite des Schieds beginnend durchgeschaut. Bei jeder Durchsicht sollte stets die Orientierung und Reihenfolge der Waben beibehalten werden. Einseitig vorhandene Markierungen wie Abstandshalter helfen dabei. Die Rähmchen müssen am Ende der Durchsicht wieder eng zusammengeschoben werden, sodass weder Wachs- noch Propolisbrücken zwischen Abstandshaltern allmählich den Wabenabstand vergrößern können.

Übung 2

Nehmen Sie sich Zeit: Wählen Sie einen sonnigen, trockenen Tag ohne Gewitterneigung – an Trachttagen im Mai und Juni sind die Bienen am nettesten zu ungeschickten Anfängerinnen, da die abwehrbereiten Altbienen nun auf Nektar- und Pollenjagd sind. Schalten Sie das Handy aus und legen Sie es am besten weit weg, ebenso feine Kleidung und teure Schuhe! Für die erste Durchsicht kann man schon mal eine Stunde pro Volk „verplempern". Befreien Sie sich also vom Termindruck.

Kleiderordnung beachten: Sind Arbeitskleidung oder Schutzkleidung intakt und richtig geschlossen? Am besten ziehen Sie Socken über die Hosenbeine oder stecken die Hosenbeine in die Stiefel – das schützt gegen Bienen, Zecken und anderes Getier! Kleinzeug wie Stift, Papier, Kamera, Königinnenabfangkäfig, Zeichnungswerkzeug und Stichheiler sollte griffbereit verstaut sein. Handschuhe, Gesichtsschleier und Lupenbrille nach eigenem Gusto.

Flugloch betrachten, Bodenschieber prüfen: Am ungestörten Volk lässt sich so einiges entdecken. Welche Völker fliegen mehr als andere? Gibt es Kämpfe am Flugloch? Tragen die Bienen an den Hinterbeinen dicke Pollenpakete ein und wie sehen sie aus? Sind die Einflugbereiche sauber und frei von Kotspritzern oder toten Bienen? Gibt es Drohnenflug? Liegen vor der Beute auffällige Funde wie Bienenbrut oder abgestochene Besucher wie Wespen oder Hummeln? Notieren Sie Ihre Beobachtungen – gern auch mit ein paar Bildern!

Smoker vorbereiten: Ist er sauber und vollständig? Mit der Lötlampe kann ein verkrusteter Deckel innen ausgebrannt und mit dem Stockmeißel abgekratzt werden.

Smoker befüllen: Eierkartons zerkleinern und (ohne buntes Papieretikett) einlegen.

Smoker zünden: Mit einer Lötlampe oder einem Flambierbrenner Papier entzünden.

Smoker weiter befüllen: Ein paar Stöße mit dem Blasebalg geben und mit einem langlebigen Brandgut eigener Wahl auffüllen (Imkertabakmischung, Kleintierstreu oder getrocknete Bestandteile von Rainfarn, Baumpilzen, Moos, Farn, morsches Holz und Heu).

Sich vorstellen: Etwas Rauch durch das Flugloch geben, dann erst mit dem Öffnen der Kiste und der wabenweisen Durchsicht (sofern systembedingt möglich) beginnen.

Auf Entdeckungstour gehen: Betrachten Sie jede Wabe gründlich von beiden Seiten und versuchen Sie, alle Brutstadien und die Kasten ausfindig zu machen – am besten geht das natürlich in Gesellschaft eines erfahrenen Begleiters. Das Entdecken der Königin ist in der Regel die größte Herausforderung und sie nicht zu finden (gerade, wenn man sie sucht) ist eherne Imkerregel. Dann sollten Sie einfach bei der nächsten Durchsicht weitermachen – irgendwann läuft sie Ihnen über den Weg!

Beendigung: Vor dem Zusammenschieben der Beutenteile, dem Auflegen von Absperrgittern oder ähnlichen Tätigkeiten sollten Sie immer Rauch geben und warten, bis sich die Bienen in die Wabengassen zurückgezogen haben. Bauen Sie alles wieder sorgfältig zusammen und notieren Sie Beobachtungen wie vorgenommene Veränderungen umgehend!

Smoker löschen: Entweder leeren und gründlich austreten oder die Tülle des Rauchaustritts luftdicht verschließen, damit dem Feuer die Luft ausgeht. Ein passender Korken oder Holzpfropfen eignet sich dafür. Alternativ kann man die Tülle auch in weiche, feuchte Erde stecken. Der Erdpfropfen verschließt selbst verbeulte Tüllen luftdicht.

••

SIGHTSEEING BEI QUEEN MOM

Wer zum ersten Mal in ein Bienenvolk schaut, sieht in ein scheinbar kopfloses Gewusel. Alles krabbelt und wuselt und doch liegt dem scheinbaren Chaos ein System und Ziel zugrunde. In diesem Gekrabbel „lesen" zu können, ist die erste Herausforderung. Zunächst fallen die **Arbeiterinnen** ins Auge – sie stellen rund 98 Prozent aller Bienen, die einem bei der Durchsicht begegnen. Diese von Biologen auch als „Hilfsweibchen" bezeichnete Kaste ist das ungeheuer belastbare und vielfältige Rückgrat eines Bienenvolks.

Arbeiterinnen entstehen aus einem befruchteten Ei der Königin, abgelegt in eine der vielen Arbeiterinnenzellen mit einem Innendurchmesser um die fünf Millimeter. Diese Eier oder **Stifte** sind gerade in dunklen Waben nicht leicht zu entdecken. Sie sind aber sehr wichtig – an ihnen erkennt die Imkerin in der Regel die Anwesenheit einer Königin.

Nach drei Tagen schlüpft aus dem Ei eine weißliche Larve, die umgehend mit reichlich **Gelée royale** gefüttert wird, einem milchigen, fettreichen Kopfdrüsensekret der Pflegebienen. Dieses Stadium lässt sich beim Blick auf die leicht schräg gehaltene Brutwabe vor allem an dem glänzenden Futtersaft erkennen, in dem die Larve liegt. Für die Produktion von Gelée royale benötigen die pflegenden Bienen, die sogenannten **Ammenbienen**, übrigens viel Protein (Eiweiß), das sie aus dem Verzehr von Pollen gewinnen.

Der **Pollen** fällt als bräunliche bis gelbe Masse in den Zellen auf, wobei er überwiegend auf den Randwaben seitlich der Brutwaben gelagert wird. Vor allem der im Spätsommer und im Herbst gesammelte Pollen wird besonders konserviert und steht als **Bienenbrot** noch vor der ersten Blüte als Starthilfe für das Brutgeschäft nach der Winterpause zur Verfügung. Pro Jahr sammelt ein Bienenvolk rund 30 bis 40 Kilogramm davon.

Der Pollen wird überwiegend in den Randwaben seitlich der Brutwaben gelagert und steht noch vor der ersten Blüte als Bienenbrot zur Verfügung.

Die Wachsdeckel der Brut sind bräunlich und undurchsichtig. Die Brut wird kreisförmig unter dem Honigkranz abgelegt.

Weiselzellen sind besonders groß und öffnen sich nach unten. Die Königin schlüpft also „kopfüber".

Die Larve entwickelt sich dank der intensiven Pflege rasch zur gut erkennbaren **Rundmade** und häutet sich während dieser Entwicklung viermal. Dabei hinterlässt sie ihre Larvenhäute an den Zellwänden, was die Zelle mit jedem Brutdurchgang kleiner und dunkler werden lässt. So wird aus einer einst wachsweißen oder mittelwandgelben Wabe allmählich eine schwarz-speckige „Schwarte", die die Imkerin regelmäßig austauschnen sollte.

Die Arbeiterinnen verschließen die Zelle etwa acht Tage nach der Eiablage mit einem Wachsdeckel. Diese **verdeckelte Brut** fällt sofort ins Auge, denn im Gegensatz zum Honigkranz in den Wabenecken sind die Wachsdeckel einheitlich bräunlich gefärbt und undurchsichtig. In der Regel werden solche kreisflächigen Brutflächen nur von wenigen verstreuten Zellen unterbrochen, die mit Honig oder Nektar gefüllt sind. Aus ihnen werden die „Heizerbienen" versorgt, die sich zum Wärmen der Brut kopfüber in weitere Leerzellen schieben. Futternachschub kommt aus dem **Futterkranz**, einem oft mit dünnen, weißen Wachsdeckeln verschlossenen Honigvorrat über dem Brutnest.

Die Larve setzt nun erstmals Kot auf dem Zellgrund ab, ehe sie gegen Ende des neunten Tags nach Eiablage ihren Kokon unter dem schützenden Wachsdeckel spinnt. Dann erst findet die Umwandlung in die Puppe statt und gegen Ende des elften Tags wird die fünfte und letzte Häutung vollzogen. Die nun schon deutlich bienenähnlichere Puppe liegt mit ihrem dreigeteilten Körper mit dem Kopf zum Deckel in der Zelle. Nach 21 Tagen nagt sich die junge Arbeiterin ihren Weg in den nächsten Lebensabschnitt frei, den sie je nach Saison zusammen mit rund 2000 zeitgleich schlüpfenden Schwestern beginnt.

Die Aufgaben der Arbeiterinnen sind vielgestaltig: sie putzen, füttern und wärmen die Brut, bauen Waben und machen aus dem eingetragenen Nektar Honig. In der Regel reifen die dazu erforderlichen Organe und Fähigkeiten erst allmählich heran. So produzieren die Bienen im Alter von 12 bis 18 Tagen Wachs über Drüsen auf der Unterseite des Hinterleibs, ehe sie dann die nächste Aufgabe übernehmen und die Wachsdrüsen verkümmern.

Dennoch bleiben die Bienen flexibel, und je nach Bedarf können sie bestimmte Aufgaben früher oder später übernehmen oder sogar bestimmte Aufgabenfelder komplett auslassen. Falls erforderlich, können sie sogar längst wieder verloren gegangene Fähigkeiten wie zum Beispiel die Produktion von Wachs wieder aufnehmen.

Solche **Baubienen** erkennt man an der Bautraube an der Wabenunterkante. Die Bienen hängen dabei ineinander verhakt und bilden ein lebendes Lot, damit die Wabe schön senkrecht errichtet wird.

Erst gegen Ende ihres Lebens fliegen die Bienen zum gefahrvollen Nektar- und Pollensammeln aus und informieren ihre Stockgenossinnen mit einer komplexen Tanzsprache über Futterquellen oder warnen vor dort lauernden Gefahren. Bei der Teilung des Volks im Schwarmakt sind es die erfahrenen **Sammlerinnen**, die nach neuen Heimstätten suchen, darüber entscheiden und den Schwarm zur neuen Heimstatt lotsen. Solche **Bienentänze** lassen sich auf den randständigen Waben gut beobachten, wobei die Tänzerinnen in der Regel von einem Pulk Fans umgeben sind, die sich Tipps für lohnenswerte Trachtziele abholen.

In der Regel leben die Arbeiterinnen nur vier bis fünf Wochen, doch in brutlosen Zeiten steigt die Pollen- und damit die Proteinversorgung der Arbeiterinnen und sie leben länger. Solche **Winterbienen** haben es schon auf Lebenszeiten von gut 300 Tagen geschafft. Diese multitalentierten, Multitasking-fähigen Allround-Frauen halten „den Laden zusammen" – eine echtes Matriarchat eben!

Die Geschwister haben bei all ihren unterschiedlichen Aufgaben eins gemeinsam: ihre Mutter, die **Königin**. Königinnen gibt es in der Regel nur eine einzige, und wenn es doch mal mehr als eine gibt, dann nur deshalb, weil es die Arbeiterinnen so wollen – zum Beispiel, weil sie eine Nachfolgerin für die alte Königin einarbeiten, was die Imkerschaft auch gern als **stille Umweiselung** bezeichnet.

Genau wie den Bienen ist es auch der Imkerin ein Anliegen, sich stets der königlichen Anwesenheit und ihrem Wohlergehen sicher zu sein. Die Arbeiterinnen sind sich dessen jedoch immer bewusst, ganz gleich, wo die Königin sich im Volk aufhält. Die Imkerin muss sie dagegen mühsam und unter großer Aufregung suchen. Eine Biene unter bis zu 50 000 anderen Bienen zu finden – das erscheint gerade der Einsteigerin als unmögliche Aufgabe.

Die Königin ist etwas größer als die Arbeiterinnen und lässt sich am besten durch ihr Verhalten entdecken. Manchmal sieht man sie aus den Augenwinkeln besser, als wenn man direkt auf die Wabe schaut – es ist die einzige Biene, der alle anderen Platz machen. Gerade zu Beginn Ihrer Imkerkarriere sollten Sie bei jeder Durchsicht versuchen, die Königin zu entdecken, um Ihren Blick zu trainieren.

Die Königin kann fünf Jahre alt werden, doch ihr Leben beginnt wie das aller anderen Weibchen – als einzelnes, befruchtetes Ei. Im Normalfall liegt dieses Ei jedoch nicht in einer normalen Arbeiterinnenzelle, sondern in einer speziellen Königinnen- oder **Weiselzelle**. Sie entwickelt sich als einzige Biene sozusagen kopfüber, denn ihre Zelle ist größer und hängt daher unten an den Wabenzungen oder in den Wabengassen.

Im Gegensatz zu den Arbeiterinnenlarven bekommt die Königin das Gelée royale in großen Mengen und ungestreckt. Während die Arbeiterinnenlarven nach drei Tagen mehr und mehr Pollen im Babybrei finden, bekommt die Königin nur das Beste vom Besten – 100 Prozent **Gelée royale** bis zum Abwinken.

Die Königin entwickelt sich in Turbogeschwindigkeit – nur 16 Tage nach der Eiablage schlüpft das „Vollweibchen", sofern es die Umgebungsbedingungen erlauben. Denn sie ist eben keine Königin von Gottes Gnaden, sondern sie wird eher von ihren fleißigen Garden zu einer solchen gekürt. Es sind die Arbeiterinnen, die sie prüfen, bewerten und letztendlich dulden.

Im Gegensatz zu den teddybärartigen Jungbienen, die noch hell, klebrig und flugunfähig auf die Welt kommen, ist eine Jungkönigin ausgesprochen agil und komplett ausgebildet. Sie kann fast umgehend fliegen und sogar ihre Giftblase ist schon gefüllt, mit der sie sich im gegebenenfalls notwendigen Kampf gegen eine zeitgleich geschlüpfte Rivalin durchsetzen muss.

Einer wahren Amazone gleich ist die Königin zum Kampf gerüstet, um dennoch als attraktive Stockmutter Arbeiterinnen um sich zu scharen und mit ihnen zu schwärmen. Denn allein ist sie hilflos. Eine vom Volk getrennte Königin fliegt auf und sucht – sofern sie nicht zu ihrem Volk zurückfindet – nach einem aufnahmebereiten Bienenvolk, doch in der Regel wird sie nur von einem Volk ohne Königin eingelassen. Nur im Volk oder als Schwarm, begleitet von rund 20 000 Bienen oder mehr, kann sie ihr genetisches Potenzial entfalten. Denn dafür wurde sie gemacht: um Lebenssaat zu streuen!

Etwa eine Woche nach dem Schlupf fliegt die Königin zum Paarungsflug aus, nachdem sie in einem regelrechten „Boot Camp" fit gemacht wurde. Die junge Königin wurde dazu wiederholt von Arbeiterinnen bedrängt und gejagt und dabei offenbar gründlich auf Herz und Nieren getestet. Dabei reift sie allmählich und wird paarungsbereit.

Dann erst verpaart sie sich im freien Flug, dem **Hochzeitsflug**, mit über einem Dutzend Männchen, den Drohnen, und erhält dabei einen lebenslang reichenden Vorrat an Samenzellen.

Mit dem Beginn der Eiablage enden dann auch allmählich die aggressiven Aktionen der Arbeiterinnen; die Königin darf nun endlich eine ehrwürdige und dennoch bienenfleißige Hoheit werden. Aus der wehrhaften Amazone wird ein eher gemächliches Muttertier, das selbst bei der Durchsicht oft unbeirrt über die Waben streicht, Zellen inspiziert und mit Eiern versieht. Dabei ist sie ständig von einem Ring von Hofdamen umgeben, die sie betasten, putzen und pflegen.

Der Hinterleib der erwachsenen Königin ist größer und praller als bei einer frisch geschlüpften, und man findet sie am ehesten auf den Brutwaben. Doch auch am Beutendeckel kann sie sitzen, und wer dann unbedacht handelt, kann die nur recht schwerfällig fliegende Königin leicht verlieren. Schon allein deshalb ist das Zeichnen der Königin eine der ersten und wichtigsten Pflichtübungen der Jungimkerin. Wer dazu erstmal üben will, kann sich dazu bei den wohl am fremdartigsten erscheinenden Bienen bedienen – bei den Drohnen!

Die Männchen oder **Drohnen** tauchen erstmals im Mai auf. Die dicken, flauschigen Kerle mit den großen Augen und dem lauten Fluggeräusch haben unter Imkern einen schlechten Ruf: Faul sollen sie sein, unnütze Fresser und die reinsten Varroa-Schleudern. Letzteres liegt an ihrer langen Entwicklungszeit von rund 24 Tagen. Ihre Zellen werden daher von den Varroa-Weibchen bevorzugt zur Vermehrung aufgesucht werden. Da Drohnen zudem in Zellen mit größerem Durchmesser (etwa 6,9 Millimeter) aufgezogen werden, müssen für ihre Anzucht in Völkern, bei denen ansonsten nur Mittelwände angeboten werden, Drohnenbrutwaben errichtet werden.

Die Königin unterscheidet sich in der Größe von den Arbeiterinnen, die ihren Hofstaat bilden.

Diese locken viele Bau- und Ammenbienen an, auf denen oft Varroa-Milben sitzen, um zu ihren Brutstätten zu gelangen.

Imker hängen für die Drohnen einen sogenannten Baurahmen zwischen Pollenwabe und Brutnest ein. Der Baurahmen ist ein Rähmchen ohne Mittelwand und Drahtung und ermöglicht den freien Bau der **Großzellen**.

Die Königin sucht diesen Wabenbau im Drohnenformat im zeitigen Frühjahr auf und legt dort unbefruchtete Eier, aus denen sich die Männchen entwickeln. Damit sind – eine ungestörte Entwicklung vorausgesetzt – Mitte Juli etwa 2 bis 3,4 Prozent der erwachsenen Stockbewohner männlich.

Der Baurahmen enthält keine Mittelwand, sodass die Bienen hier die größeren Drohnenbrutwaben errichten können.

Tatsächlich scheinen die Herren auf den ersten Blick ein Pascha-Leben zu führen, und ihr einziger unmittelbarer Beitrag zum Volksgedeihen ist das Wärmen von Brut. Etwa acht Tage nach dem Schlupf fliegen sie aus, doch erst nach 14 Tagen sind sie geschlechtsreif. Sie können etwa 50 Tage alt werden.

Die auffälligen Drohnen lassen sich in dieser Zeit auf allen Waben finden und auch beim Schwärmen sind sie mit dabei. Im August ziehen sie sich auf die Randwaben zurück – scheinbar, um den zunehmenden Anfeindungen ihrer Schwestern zu entgehen, doch womöglich sind es auch die niedrigeren Stocktemperaturen, die sie zum Schutz der wärmeempfindlichen Spermien dorthin locken.

Bald kann man auch am Flugloch beobachten, wie die Arbeiterinnen Drohnen herauszerren oder an der Rückkehr in den Stock hindern („**Drohnen-Schlacht**"). Für viele Imker ist das lange Dulden von Drohnen bis in den Winter hinein ein Zeichen für eine schlechte oder unzureichend begattete Königin. Erst in den letzten Jahren haben die Drohnen jedoch in der Forschung mehr Aufmerksamkeit erfahren. Heute weiß man, dass Pestizide wie auch zu hohe Temperaturen ihre Fertilität sehr schnell negativ beeinflussen. Doch weiterhin gilt das Herausschneiden und Vernichten von verdeckelter Drohnenbrut als effektives Mittel gegen die Varroa-Milbe. So haben es die Drohnen nicht gerade leicht.

Ableger bilden und Schwärme verhindern

Das Erkennen und Verhindern von Schwärmen ist für viele Anfänger die erste große Herausforderung im Bienenjahr. Spätestens, wenn der Anruf vom Nachbarn kommt oder wenn er Ihnen beim Zaungespräch verrät, dass da „neulich so ein lautes Brausen im Garten" gewesen sei, dämmert es Ihnen, dass Sie mal wieder zu spät dran waren mit der Schwarmkontrolle.

Dabei ist ein Schwarm etwas Schönes und ganz Natürliches. Für die Bienen ist es sozusagen der Höhepunkt im Jahr. Zu einem Zeitpunkt, in dem sich die Schleusen der Natur öffnen und reichlich Nektar und Pollen ausschütten, fliegt die alte Königin mit etwa der Hälfte der Arbeiterinnen ab, sobald

ihre Thronfolge ausreichend vorbereitet ist. Das ist der Fall, wenn die ersten Weiselzellen verdeckelt sind. Dann stürzen sich die Arbeiterinnen auf die Honigvorräte und schlagen sich den Bauch voll. Mit Vorräten für bis zu etwa drei Tage beladen quellen Sie dann aus dem Flugloch und nehmen die alte Königin mit. Ein solcher **Vorschwarm** sammelt sich meist in unmittelbarer Nähe, ehe er sich dann auf den Weg zu einem neuen Quartier macht.

Manchmal geht beim Schwärmen etwas schief und die alte Königin geht verloren – zum Beispiel, weil sie nicht mehr ganz flugtüchtig ist. Dann kehrt der Schwarm willig zurück, um mit der gerade erst geschlüpften

Hier sind die überzähligen Weiselzellen seitlich ausgebissen worden – das Volk hat eine Königin und will nicht (weiter) schwärmen.

Nachfolgerin zu schwärmen (sogenannter **Singerschwarm**).

Ist das Volk nach Abgabe des Vor- oder Singerschwarms noch stark genug, können noch weitere, jedoch kleinere **Nachschwärme** in der Reihenfolge der schlüpfenden Thronfolgerinnen abgegeben werden. Dabei achten die Königinnen sorgfältig darauf, sich nicht zu begegnen, da diese Begegnung in töd-

Schwarmfördernde Faktoren

> großformatige Flächen voller Pollen, die aus Waben sogenannte „Pollenbretter" machen;
> alter, dunkler Wabenbau;
> Genetik (Schwarmneigung) der Königin und/oder ihrer Paarungspartner;
> geschlossene „Honigkappe" über den Brutwaben;
> große Mengen an arbeitslosen Ammenbienen, da die Menge an offener, pflegebedürftiger Brut nicht mehr wachsen kann („Futtersaftstau"). Eine Ursache kann Platzmangel in Brut- und Honigraum sein, sodass Nektar und Pollen das Brutnest einschnüren.

Schwarmdämpfende Faktoren

> frühzeitige Entnahme verdeckelter Brutwaben („Schröpfen") zur Reduktion der Bienenmasse;
> rechtzeitige Gabe von Honigräumen und Baurähmchen;
> Schneiden der Drohnenbrut durch Förderung des Neubaus;
> Entnahme der Altkönigin (zum Beispiel für einen Königinnenableger);
> Entnahme von Bienenmasse (zum Beispiel Kunstschwarm- oder Ablegerbildung);
> Brutdistanzierung (räumliche Trennung von Brut und Königin zum Beispiel durch den Demarée-Plan).

lichen Kämpfen zwischen den Schwestern endet. Daher signalisiert jede der schlüpfenden Königinnen durch einen hellen Summton (sogenanntes **Tüten**) in regelmäßigen Abständen ihre Anwesenheit.

Die noch nicht geschlüpften, aber schlupfreifen Schwestern reagieren in ihren Zellen mit dem gleichen Ton, der in einem dumpfen, mehrstimmigen Kanon (dem **Quaken**) erklingt. Am Abend oder in Schlechtwetterperioden, in denen kein Schwarmabgang möglich ist, kann dieses Wechselspiel manchmal über Tage gehen. Es ist von draußen auch ohne Stethoskop gut hörbar.

Zieht man zu diesem Zeitpunkt eine Wabe mit verschlossenen Weiselzellen heraus, so kann man erkennen, dass manche leicht geöffnet sind und sich immer wieder bettelnd die Zunge der jungen Königin herausschiebt. Sie werden in dieser Wartezeit von den Arbeiterinnen gefüttert.

Aber Obacht – ist die bereits geschlüpfte und tütende Königin auf einer anderen Wabe unterwegs, so bricht die Kommunikation mit den Zellen auf der gezogenen Wabe ab. Die Königinnen in ihren Zellen versuchen nun, so schnell wie möglich zu schlüpfen, denn sie gehen davon aus, dass die tütende Königin mit einem Schwarm abgezogen ist. So können plötzlich mehrere Königinnen gleichzeitig schlüpfen und es kann zu bestechenden Begegnungen kommen.

Schwarmfreudige Bienenköniginnen können auf diese Weise Jahr für Jahr weiterziehen, während schwarmträgere Linien auch mal für ein Jahr pausieren. Wetter- und Trachtbedingungen, aber womöglich auch Krankheits- und Parasitendruck sorgen gelegentlich für regelrechte „Schwarmjahre", in denen sich besonders viele Völker teilen wollen.

Da jeder Schwarmabgang nicht nur Bienen, sondern auch Honig kostet, und die meisten der nicht gefangenen Schwärme

VERSCHIEDENE METHODEN ZUR SCHWARMVERHINDERUNG

	Weiselzellen brechen	Brutableger bzw. Brutentnahme	Königinableger	Schwarm-vorwegnahme
Wabensystem	zugänglicher Wabenbau	Mobilbau	Mobilbau	Mobilbau vorteilhaft
Voraus-setzungen	alle Weiselzellen finden	alle Weiselzellen finden	alle Weiselzellen finden	alle Weiselzellen finden, enges Zeit-fenster zur Durch-führung, da kurz vor dem natürlichen Schwarmabgang
Suche nach Altkönigin erforderlich?	nicht zwingend, aber sinnvoll	eventuell	ja	ja
Auswahl der neuen Königin	erfolgt nicht	erfolgt durch die Bienen	erfolgt durch imker-liche Auswahl beim Zellenbrechen	erfolgt durch imker-liche Auswahl beim Zellenbrechen
Materialbedarf	keiner	weitere Beute oder weiteres Volk	weitere Beute	weitere Beute, Schwarmkasten
Vorteile	vergleichsweise geringer Zeit- und Materialaufwand	Völkervermehrung unter Nutzung der Schwarmzellen mög-lich, Ausgleich von unterschiedlichen Volksstärken am Stand	wie der Flugling sichere Methode, wenn zum Beispiel erste Schwarmzellen verdeckelt sind	sichere Methode, wenn weitere Zellen gebrochen werden; Schwarmgröße kann begrenzt werden, keine Brutmitnahme
Nachteile	• oft keine Wirkung mehr bei bereits verdeckelten Wei-selzellen • Zerstörung von Brut, • übersehene Zellen machen Schwarm-abgang möglich • Verwechselung mit Nachschaffung oder stiller Umwei-selung möglich	• nur mäßig dämp-fende Wirkung • hoher Materialauf-wand • durch übersehene Zellen dennoch Schwarmabgang möglich • langfristige Selek-tion in Richtung Schwarmfreude • Gefahr der Krank-heitsübertragung durch Umhängen der Brutwaben	• hoher Materialauf-wand • Schwarmabgang durch übersehene Zellen möglich • Auswahl der neuen Königin durch Imker • Zerstörung von Brut	• enges Zeitfenster, übersehene Zellen machen weitere Schwarmabgänge möglich • Auswahl der neuen Königin durch imkerliche Wahl
Einfluss auf Völkerzahl	keiner	erhöht Volkszahl	erhöht Volkszahl	erhöht Volkszahl
Einfluss auf Honigernte	keiner	Je nach Zeitpunkt/ Umfang nur geringe Ertragsminderung	aufgrund der Brutlü-cke verzögert ertrags-mindernd, bei Flug-ling unmittelbare Ertragsminderung	ertragsmindernd

Nachschaffungszellen erstellen die Bienen nach dem Verlust der alten Königin.

chens verbergen sich die Brutstätten der zukünftigen Jungköniginnen.

Werden Sie fündig, dann ist ein Eingriff erforderlich, wenn Sie keinen Schwarmabgang erleben wollen. Dazu stehen verschiedene Methoden zur Verfügung, die unterschiedlich starke Eingriffe in den Bien bedeuten:

> Brechen der Schwarmzellen,
> Ablegerbildung mit Schwarmzellen,
> Ablegerbildung mit Königin,
> Schwarmvorwegnahme (Kunstschwarm mit Königin).

WEISELZELLEN BRECHEN

Das Brechen beziehungsweise Ausschneiden der zapfenförmigen Weiselzellen mit dem Stockmeißel ist die klassische Form der Schwarmverhinderung. Tatsächlich reagieren manche Völker sehr gut auf diesen Eingriff und geben den Schwarmversuch spätestens nach dem zweiten Eingriff dieser Art auf. Andere werden dagegen ihre Zellen noch besser verstecken, um dann mit der alten Königin abzuschwärmen, sobald die erste Weiselzelle verdeckelt ist.

Manche lassen sich selbst durch das komplette Brechen aller Zellen nicht vom Schwärmen abhalten und überlassen dem Restvolk die Aufgabe, aus der letzten Brut eine neue Königin heranzuziehen. Solche „Schwarmteufel" schwärmen dann oft mehrfach hintereinander, auch wenn die kleinen Nachschwärme manchmal gar keine Chance mehr haben, bis zum Winter ausreichend Futter und Bienen zu erwirtschaften.

Eine weitere Tücke liegt darin, dass es manchmal nicht ganz einfach ist, eine als Schwarmvorbereitung geschaffene Weiselzelle von einer Zelle zu unterscheiden, die dem Ersatz einer noch aktiven oder einer bereits verloren gegangenen Königin dienen soll.

den kommenden Winter nicht überleben, sollte man schon aus Liebe zu den Bienen das Schwärmen in vernünftige Bahnen lenken.

Generell sollten Sie zwischen April und Mitte Juni im Wochentakt durch die Völker schauen. Jede Brutwabe sollten Sie beidseitig inspizieren. Ein leichtes Anpusten macht den Blick frei und dann können Sie die etwa eine Woche lang unten weit geöffneten Weiselzellen erkennen. Sie befinden sich häufig an der unteren Wabenkante, jedoch nicht ausschließlich. Auch an Dellen, Öffnungen und zwischen Wabe und Seitenteil des Rähm-

Sogenannte „Nachschaffungszellen" werden nach dem Verlust der alten Königin erstellt. Ein Hinweis darauf ist also, dass die alte Königin nicht mehr zu finden ist (siehe auch „Königinnen tauschen"). Nachschaffungszellen sind oft kleiner, befinden sich in der Wabenmitte und sind auf der Oberfläche weniger schön „gemeißelt". Sie erscheinen eher glatt und rundlich, während sich die Schwarmzellen wie ein Bergrelief aus einer breiten, rege strukturierten Basis zu einer Spitze verjüngen.

Für die stille Umweiselung einer noch legenden Königin werden jedoch genauso schöne Weiselzellen angelegt wie für das Schwärmen und selbst die Lage der Zellen – ob an der Wabenkante oder in der Wabenmitte – oder deren Anzahl gibt kaum Hinweise darauf, was die Bienen mit diesen Königinnen planen.

Wer dann beharrlich Zellen zerstört, riskiert Weisellosigkeit, wenn die alte Königin – wie es die Bienen wohl schon geahnt haben – das Legegeschäft einstellt.

Daher haben nicht nur extensiv arbeitende Imker mit diesem barbarischen Akt des Zellenbrechens ihre Probleme – schließlich sind diese „gewollten" Königinnen in der Regel die schönsten und am besten versorgten, sie sind sozusagen die „Eizelle" des zukünftigen Tochter-Biens und haben eigentlich mehr Respekt verdient.

BRUTABLEGER, FLUGLING & CO.

Es liegt auf der Hand, die schönen und vom Bien gewollten Töchter für die Bildung eines Ablegers zu nutzen, bei dem die Bienen selbst entscheiden, wen sie zur Thronfolgerin küren. Der Vorteil liegt darin, dass solche Brutableger recht klein gehalten werden können. Dr. Pia Aumeier (Universität Bochum) propagiert die Bildung mit nur einer einzigen Wabe im Deutsch-Normal-Format, um ohne Verlust an

Gelée royale

Beim Brechen der Weiselzellen stößt man zwangsläufig auf große Mengen des weißlichen Gelée royale. Angesichts der hohen Preise, die dafür auf dem Weltmarkt bezahlt werden, möchten Sie das hochwertige Bienenprodukt sicher auch verkosten. Spätestens dann wird sich die Begeisterung legen. Sie können Gelée royale – wenn Sie es sofort tun – durch Einfrieren lagern, doch eine kommerzielle Gewinnung in größerem Stil erfordert auch die umfangreiche Anzucht und die anschließende Zerstörung der Königinnenlarven. Etwa vier bis fünf Zellen liefern ein Gramm Weiselfuttersaft. Daher ist dieses Produkt aus tierethischer Sicht problematisch. Die hohen Nährwerte haben sich bisher auch in keiner Studie in einem spürbaren gesundheitlichen Mehrwert niedergeschlagen.

Überzählige Weiselzellen werden von den Bienen ausgenagt.

Honigertrag bis zum Jahresende überwinterungsfähige Völker zu bilden.

Allerdings wird man in der Regel nicht alle Weiselzellen auf einer einzigen Wabe finden und grundsätzlich tut es dem Bien immer besser, etwas aus dem Vollen zu schöpfen. Daher kann man dem Ableger je nach Brutraummaß zwei bis drei Rähmchen mit den aufsitzenden Bienen und Schwarmzellen spendieren. Da der Ableger zu schwach zum Schwärmen ist, wird er die Königinnen in der Reihenfolge ihres Schlupfs prüfen und schließlich selbst die beste wählen. Alle überzähligen Schwarmzellen nagen die Bienen aus.

Übungen 3 und 4

> Bilden Sie Ihren Brutableger mit den schönsten Weiselzellen, die sie samt Wabe einfach in eine neue Beute umhängen. Eine bis drei Waben genügen in der Schwarmzeit vollkommen, wenn mindestens eine der Waben zu drei Vierteln verdeckelte Arbeiterinnenbrut sowie Futter- und Pollenvorräte enthält. Da die Puppen in den verdeckelten Weiselzellen in bestimmten Entwicklungsstadien empfindlich sind, sollten diese Waben nicht abgestoßen, erschüttert oder gedreht werden.
> Achten Sie beim Umhängen darauf, dass sich die alte Königin nicht auf den umgehängten Waben befindet – mit dem Abfangkäfig können Sie sie greifen und am besten in eine Wabengasse zurücksetzen lassen, die man nicht mehr anrühren wird.

> Geben Sie dem Ableger Bauraum – zwei Mittelwände zwischen Brutwaben und Futterwabe oder Futtertasche erlauben den schnellen Ausbau. Anfangsstreifen für den Naturwabenbau können natürlich auch benutzt werden, aber aber dann benötigt der Ausbau mehr Zeit.
> Achten Sie auf genügend Arbeiterinnen! Wenn Sie für die Ableger einen eigenen Standplatz in mindestens zwei bis drei Kilometer Entfernung wählen, können Sie davon ausgehen, dass die auf den Waben sitzenden Sammlerbienen beim Ableger bleiben. Dann genügt es, wenn jede Wabenseite etwa zur Hälfte mit Bienen bedeckt ist. Bleibt der Ableger jedoch in wenigen Metern Entfernung an Ort und Stelle, werden die Sammlerbienen zielsicher zurück zum alten Standort fliegen. Daher muss man dann den Ableger mit Bienen von ein bis zwei weiteren Waben ausstatten. Dazu genügt es, die Bienen über dem Ablegerkasten mit einem Schlag auf den Oberträger abzustoßen.
> Engen Sie das Flugloch auf Fingerbreite ein, damit die Bienen ihr neues Heim gut verteidigen können.
> Füttern Sie Ihren Ableger zu Beginn mit kleinen Portionen und am besten flüssig (siehe dazu auch „Bienen füttern"), vor allem, wenn Wetter, Tracht und Kopfstärke des Ablegers eher bescheiden sind.
> Nach dem Auslaufen der alten Brut und vor dem Verdeckeln der von der neuen Königin angelegten Brut – also etwa 14 Tage

ZEICHNUNGSFARBEN DER KÖNIGIN

Farbe	Weiß	Gelb	Rot	Grün	Blau
Endziffer des Jahrgangs	1/6	2/7	3/8	4/9	5/0
Beispieljahrgänge	2016, 2021	2017, 2022	2018, 2023	2019, 2024	2020, 2025

nach dem Bilden des Ablegers – können Sie Milch- oder Oxalsäurebehandlungen gegen die Varroa-Milbe durchführen (siehe dazu auch „Varroa-Management"). Bei dieser Gelegenheit lässt sich die Königin noch gut finden, denn der Ableger hat nun die geringste Bienenmasse.

> Zeichnen Sie Ihre Königin, wenn sie sich durch Eiablage als begattet und vital erwiesen hat. Sie wird dazu allein und ohne Begleitung in das Zeichenröhrchen bugsiert, wobei man sie recht gut an den Flügeln nehmen kann. Ich schiebe sie einfach direkt von der Wabe mit dem Stempel in das Röhrchen, wobei das „Begleitpersonal" vor der Tür bleibt. Mit dem Stempel wird sie vorsichtig am Deckel/dem Zeichengitter fixiert, sodass das Brustsegment gut erreichbar ist und sie nicht ausweichen kann. Ein Tropfen Kleber auf die Plättchenrückseite und das dann kurz mit dem Finger oder einem Zahnstocher auf den Rücken der Brust angedrückt und die Krönung ist vollzogen. Lockern sie den Stempel etwas, damit sich die Dame erholen und der Klebergeruch verflüchtigen kann, und bauen Sie derweil die Beute wieder zusammen. Erst dann entlassen Sie sie in eine Rähmchengasse des Brutnestbereichs.

Im Zeichenröhrchen wird das farbige Plättchen aufgeklebt.

•••

Eine Variante der Brutablegerbildung ist der Flugling, bei dem nicht der Ableger, sondern das Muttervolk verstellt wird. Der Ableger kommt anstelle des Muttervolks an den gleichen Standort und kann so wesentlich schwächer gebildet werden, da ihm die Masse der Sammlerbienen zufliegt. Da das Muttervolk dadurch den erfahrensten Teil des Biens verliert, kommt die Schwarmfreude praktisch umgehend zum Erliegen, selbst wenn noch mehrere Weiselzellen verblieben sind.

Eine weitere Variante ist der Königinnenableger, wobei die Ablegerbildung unter

Mit dem Kunstschwarm den Schwarm vorwegnehmen

Aus der extensiven Imkerei stammt der Gedanke, den Schwarm vorwegzunehmen. Technisch gesehen handelt es sich dabei um einen Kunstschwarm, der jedoch so spät wie möglich vor dem natürlichen Schwarmabgang mit der alten Königin gebildet wird, um möglichst die naturnahe Komposition eines Bienenschwarms zu erhalten. Durch Brechen der weiteren Weiselzellen erfolgt jedoch auch hier eine imkerliche Auswahl der Thronfolgerin.

Mitnahme der alten Königin erfolgt und im Muttervolk nur eine Weiselzelle stehen gelassen wird. Bei schwarmtriebigen Völkern, die bereits verdeckelte Weiselzellen aufweisen, ist dies ein sicherer Weg, um den Schwarmabgang noch zu verhindern.

WENN ES EINMAL ZU SPÄT WAR – DER SCHWARMFANG

Naturschwärme sammeln sich nach dem Auszug oft in unmittelbarer Nähe und mit etwas Glück in erreichbarer Höhe. Sie bleiben dort für einige Stunden, manchmal sogar bis zum nächsten Morgen, ehe sie sich auf die Reise machen. Sie können einfach gefangen werden. Zunächst wird die Schwarmtraube mit Wasser nebelfeucht eingesprüht und anschließend in den Schwarmfangkasten geschüttelt. Zur Not tut es auch ein Papierkorb aus feinem Drahtgeflecht oder ein ähnliches Gebilde, das sich mit einem aufgelegten Deckel bienendicht verschließen lässt und dennoch möglichst gut durchlüftet ist.

Bei flächig sitzenden Schwärmen (zum Beispiel an einer Hauswand) kommt zusätzlich der Bienenbesen zum Einsatz. Ist die Königin beim Fegen/Abschütteln im Kasten gelandet, so erkennt man das an den sterzelnden Bienen, die mit hoch gestrecktem Hinterleib und eifrigem Fächeln auf dem Kasten sitzend um Aufmerksamkeit buhlen. Wie ein Fächer breiten sie sich vom Flugloch ausgehend aus und weisen den Weg zum Schwarm und der Königin. Ein kleines Flugloch erlaubt es auch den letzten Bienen, in den Kasten zu schlüpfen. So ein Fang dauert mindestens eine Stunde. Am besten warten Sie bis zum Abend, um den Kasten dann zu verschließen und mitzunehmen.

Auf dem Boden liegende Schwärme haben oft eine alte und schlecht flugfähige Königin an Bord und lassen sich nicht „zusammenfegen" – da benötigen Sie eine Zarge mit einer Wabe offener, junger Brut, die Sie samt Deckel über die Bienenmasse stellen. Die Bienen wandern auf die Wabe und können am nächsten Tag einfach mitgenommen werden. Mit so einer Lockwabe lassen sich oft auch schlecht erreichbare Schwärme fangen, wenn Sie die Wabe direkt an die Bienenmasse heranführen und später sicher bergen können.

Die anschließende „Kellerhaft" und das „Einschlagen" in die neue Behausung erfolgt analog zum Kunstschwarm (siehe „Kunstschwarm machen").

Da gerade Schwärme mit jungen Königinnen sehr hoch sitzen können, sollte die Eigensicherung jedoch immer im Vordergrund stehen – kein Schwarm ist das Risiko wackeliger Leitern wert! Solche Schwärme ziehen manchmal binnen Stunden oder Tagen weiter und werden vielleicht einen anderen Finder erfreuen.

Honig ernten

Bienen lagern den Honig möglichst fluglochfern – entweder weit oben in den aufgesetzten Honigräumen oder weit hinten in der Beute, wo ihn die räuberischen Nachbarn nicht so leicht erreichen können. Ein frei in einem Hohlraum – etwa einem Baum – nistendes Volk wird also oben, direkt über dem Brutnest dicke Honigkränze anlegen und die weit vom Flugloch entfernten und oft bereits zur Drohnenaufzucht verwendeten Wabenzungen mit Honigvorräten befüllen. Daher lässt sich auch in Haltungssystemen ohne speziellen Honigraum Honig entnehmen, denn spätestens zum Trachtschluss finden sich im August oder September reife, verdeckelte Honigwaben außerhalb des Brutnests.

Wer jedoch mehr Honig ernten will, kommt um separate Honigräume nicht herum. Sie werden üblicherweise durch ein Absperrgitter von dem als Brutraum genutzten Beutenbereich abgeteilt. Das Gitter können die Arbeiterinnen passieren, während die Königin in der Regel nicht hindurchpasst. Auch die Drohnen, die ansonsten manchmal die zur Ernte genutzten Bienenfluchten blockieren, werden wirksam ausgeschlossen. Dadurch entstehen Honigräume, in denen keine Brut und meist auch kein Pollen eingelagert werden. Bei vertikalen Magazinbeuten sind diese Honigräume als eigene Zargen komplett abnehmbar.

Bienen erzeugen fast immer Honig, wenn entsprechende Tracht verfügbar ist. Je nach Standort sind so zwischen April bis Oktober noch Nektareinträge zu bemerken. Das Zeitfenster für die Ernte ist jedoch überschaubar, denn ernten sollten Sie grundsätzlich nur zwischen Jahresbeginn und erstem Einsatz von Mitteln gegen die Varroa-Milbe, Ihrem ärgsten Widersacher in der Bienenhaltung (von bienenallergischen Partnern mal abgesehen). Damit können Sie praktisch ab Mai bis in den August, bei späten Trachten noch bis in den September hinein Honig ernten – so späte Ernten machen die Varroa-Behandlung jedoch besonders herausfordernd, da Zeit und gute Wetterfenster dann knapp werden.

Übung 5

> Für Ihre erste Honigernte benötigen Sie noch keine Honigschleuder – alles, was Sie brauchen, hat der normale Haushalt zu bieten. Trennen Sie den reifen Honig zunächst von den Bienen, dann vom Wachs und genießen Sie Ihre Honigkreationen!

Welche Farbe der Honig hat, hängt von der vorherrschenden Tracht ab.

Der Honig wird von den Arbeiterinnen getrocknet und verdeckelt, sobald er den gewünschten Wassergehalt erreicht hat.

IST DER HONIG REIF?

Es braucht seine Zeit, bis aus dem eingetragenen Nektar Honig wird. Hierbei ist hauptsächlich der Wassergehalt das ausschlaggebende Kriterium, denn nur wenn er gering genug ist, ist der Honig lange lagerfähig, und weder Hefen noch andere Mikroorganismen können ihn zerlegen. Laut Honigverordnung darf der Wassergehalt maximal 20 Prozent betragen. Für die Abfüllung in das Glas des Deutschen Imkerbunds dürfen es sogar nur maximal 18 Prozent sein.

Der Trocknungsgrad hängt dabei weniger von der Luftfeuchtigkeit draußen ab, sondern eher von der Bienendichte in der Beute und einem eher luftigen, trockenen Standplatz. Tatsächlich sind Regentage sogar recht gute Tage, denn dann sind alle Sammlerinnen im Stock und widmen sich gemeinschaftlich dem Trocknen des Honigs. Das erfolgt durch Passage der Nektartropfen von Biene zu Biene und den aktiven Luftaustausch. An lauen Sommerabenden kann man das manchmal an den Ständen riechen, wenn die Bienen die honigschwangere, feuchte Stockluft nach außen fächeln.

Jede Biene fügt dem Nektartropfen noch Enzyme zu, die die Mehrfachzucker zerlegen und eine antibakterielle Wirkung entfalten. So übersteht der Nektar trotz der auch für Bakterien und Hefen angenehmen Stocktemperaturen die Zeit, bis der Wassergehalt so gering ist, dass diese Mitesser nicht mehr gedeihen können. Der fertige Honig wird möglichst weit weg vom Flugloch eingelagert und mit dem bieneneigenen Frischesiegel versehen – einem dünnen Wachsdeckel.

Am Wachsdeckel kann die Imkerin den fertigen Honig erkennen. Wer gerahmte Honigwaben ernten kann, kann über die **Spritzprobe** weitere Gewissheit erlangen: Die Wabe sollte, kräftig nach unten ausgeschlagen, keinen einzigen Tropfen abgeben – spritzt es heraus, ist noch unreifer Nektar enthalten und die Wabe muss zurück ins Volk. Diesen Test sollten Sie nur durchführen, wenn die Wabe noch nicht komplett verdeckelt ist. Gerade bei einem großen Trachtangebot haben die Bienen schlichtweg keine Zeit, um die Zellen zu verdeckeln, und so kann auch eine offene Honigwabe schon erntereif sein.

Umgekehrt wird immer wieder berichtet, dass selbst verdeckelter Honig manchmal noch sehr feucht ist – man sollte daher seinen Immen und ihrem Honig möglichst viel Reifezeit ermöglichen. Wer es nicht so eilig hat und nicht gegen die Varroa-Milbe behandeln muss, kann im Spätsommer den trockensten Honig ernten. Manchmal ist der dann bereits so zäh, dass er kaum noch aus den Waben zu bekommen ist.

BIENEN UND HONIG TRENNEN

Für die Ernte sind die Bienen vom Honig zu trennen, und das ist die manchmal schwierigste Aufgabe. Dazu benötigen Sie einen **Bienenbesen**. Wer seine Bienen extensiv auf ungerahmtem Naturwabenbau betreut, muss die Bienen sehr vorsichtig und dennoch zügig von der Wabe fegen, ohne die Wabe dabei zu beschädigen oder durch unbedachtes Kippen zum Abreißen zu bringen. Da sind helfende Hände von Vorteil.

Da solche Waben einen größeren Transport in der Regel kaum unbeschadet überstehen, sollten sie gleich in einem hygienisch einwandfreien und bienen- und luftdicht verschließbaren Gefäß gesammelt werden. Ob Tupperware, Weckglas, leere Joghurtbecher oder Glasbehälter mit Schliffdeckel – Ihr Haushalt bietet bestimmt passende Lösungen.

Eine rundum gerahmte und verbaute Honigwabe können Sie dagegen zügig abfegen. Dabei sind die aufsitzenden Bienen nur zu einem Teil erfahrene Sammlerinnen – ein

Ungerahmter Naturwabenbau ist zart und empfindlich.

großer Teil sind Stockbienen, die sich in der Außenwelt noch nicht auskennen. Daher sollten Sie diese Bienen entweder direkt über der offenen Beute abfegen oder zumindest direkt davor, damit sie zurück in ihren Stock finden.

Wer viele Rähmchen abfegen will, kann einen **Abkehrfix** benutzen. Dieses Gerät hat zwei gegenüberliegende Bürsten, durch die man die Wabe zügig zieht. Die Stockbienen sammeln sich in einem darunter liegenden Gefäß, und man kann sie am Ende der Aktion in einem Schwung dem Volk zurückgeben. Die abgefegten Waben sollten in einer verschließbaren Transportbox oder einer bienendichten Zarge gesammelt werden.

Allerdings hat die Fegerei auch Nachteile. Sie ist nicht nur aufwendig, sondern birgt auch das Risiko, Räuberei auszulösen. An Ständen mit mehreren Völkern dauert es nicht lang, bis hungrige Nachbarn auf das Geschehen aufmerksam und zunehmend aufdringlich werden. Manchmal verklebt die eine oder andere offene Honigzellen den

Besen oder aufgerissener Wildbau duftet verführerisch.

Eine Alternative ist der Einsatz eines starken **Laubbläsers** mit schmaler und flacher Düse. Diese Geräte haben sich als benzingetriebene Variante vor allem bei Berufsimkern durchgesetzt, die in kurzer Zeit viele Völker abernten müssen. Dazu wird der Honigraum auf die Seitenwand der Zarge gestellt und man bläst oberträgerseitig in die Wabengassen. Die Bienen überstehen diese Prozedur unbeschadet. Der Lärm und die Abgase benzingetriebener Geräte sind jedoch nicht jedermanns Sache. Angenehmer, doch nur für wenige Einsätze ausreichend sind elektrisch angetriebene Akkugebläse, deren Leistung sich durch den Andruckschalter stufenlos steuern lassen.

Leiser und bienenfreundlicher geht es mit der **Bienenflucht**, die jedoch nur für Magazinbeuten standardmäßig verfügbar ist. Der Nachteil ist jedoch, dass Sie den Stand mindestens zweimal besuchen müssen. Bienen-

fluchten werden am besten am frühen Morgen des Tags vor der Honigernte eingelegt. Dann ist noch kein neuer Nektareintrag erfolgt, der den Honig verwässern könnte. Die Bienenflucht wird als Zwischenboden zwischen Honig- und Brutraum eingelegt und ermöglicht es den Bienen, den Honigraum zu verlassen. Sie erschwert aber die Rückkehr. Dadurch lassen sich die Honigräume am nächsten Tag nahezu bienenfrei abnehmen.

Es gibt verschiedene Varianten dieser Fluchten und nicht immer funktionieren sie verlässlich und gleichmäßig. Es lohnt daher, neben der klassischen „Sternflucht" auch zum Beispiel die Varianten von Lega oder Nicot zu testen. Häufig lassen sich die Fluchten an den Zwischenböden mithilfe von Heißkleber selbst tauschen. Die Bienenflucht funktioniert jedoch nur, wenn die Honigräume frei von Brut und Königin sind. Wer die Honigräume ohne Absperrgitter nutzt, kommt um händisches Fegen und Prüfen der Waben nicht herum, da es dann Brut im Honigraum geben kann.

Die Wirkung der Bienenflucht wird auch durch größere Abstände zum Brutraum verbessert. Leeren sich die Honigräume also trotz eingelegter Flucht nur langsam, so empfiehlt es sich, zusätzlich eine leere Honigraumzarge unter die Bienenflucht einzuschieben. Sie sollte jedoch mit der Abnahme des Honigraums entfernt werden, da sie in dieser Position sehr schnell mit wildem Wabenbau zugebaut wird.

WACHS UND HONIG TRENNEN

Reiner Naturbau kann bedenkenlos zusammen mit dem Honig verzehrt werden. In diesem Fall trennen Sie die Honigwabe etwa auf

Bienen lassen sich von Waben abfegen oder abstoßen.

Höhe der Unterkante des zu Beginn gegebenen Anfangsstreifens ab. Man erkennt diese Grenze recht gut, da dort die dunkelgelbe Mittelwand in blütenweißes Naturbauwachs übergeht.

Den Oberträger lassen Sie über Nacht abtropfen oder geben ihn dem Volk gleich zurück. In diesem Fall sollten Sie das jedoch erst am Abend machen, damit der tropfende Honig keine Räuber anzieht und die Bienen erst aufräumen können. Sie werden den stehen gebliebenen Wabenteil nutzen, um eine neue Naturbauwabe zu errichten und sie nach besten Möglichkeiten neu befüllen.

Den abgeschnittenen Wabenhonig können Sie in einem dicht schließenden Gefäß lagern. Er ist jedoch eher durch Gärung gefährdet als klassischer Schleuderhonig im Glas. Das liegt daran, dass Wabenhonig mehr Oberfläche bietet und daher mehr Wasser aufnehmen kann. Das Lagergefäß sollte daher den Maßen des Wabenhonigs möglichst genau entsprechen.

Sie können die Lagerfähigkeit verbessern, indem Sie den Wabenhonig in Honig schwimmend lagern. Hierfür eignen sich besonders nicht kristallisierende Honigvarianten mit möglichst zartem Eigengeschmack. Der Klassiker ist Robinienhonig. Auch hier sollte möglichst wenig Luft mit eingeschlossen und der Honig sollte schnell verzehrt werden.

Mittelwände sind als recyceltes Wachs für den Verzehr nicht geeignet und auch sehr derb – aber auch diesen Honig können Sie ohne Schleuder ernten. Die klassische Methode ist das Abkratzen der vergleichsweise dicken Mittelwand mit einem Honigspachtel, sauberen Pfannenwender oder Löffel über einer breiten, flachen Schüssel. Die Mittelwand können Sie anschließend zum erneuten Ausbau zurückgeben, während Sie das Honig-Wachs-Gemisch über ein Sieb trennen.

Ausgeschnittene Naturbauwaben lassen sich dagegen nicht recyceln. Sie werden

Reiner Naturbau kann bedenkenlos mit dem Honig verzehrt werden.

vollständig zerstampft (zum Beispiel mit einem Kartoffelstampfer oder einem Auf- und-Ab-Honigrührer). Dabei sind Pollenzel- len ein willkommenes Zubrot, die diesem Stampf-, Tropf- oder Presshonig eine inter-

essante, herb-mehlige Note und Eiweiße als Mehrwert geben. Insbesondere Pollenaller- giker hoffen mit dieser lokalen Spezialität eine Linderung ihrer Symptome zu erreichen (was sich wissenschaftlich übrigens leider bisher nicht überzeugend belegen lässt – da bestehen aber auch noch erhebliche Forschungslücken).

Anschließend muss das Wachs-Honig- Gemisch getrennt werden. Für gute Ausbeu- ten eignen sich Obst- und Beerenpressen, die den Honig unter mechanischem Druck als **Presshonig** durch ein nicht allzu feines Seihtuch drücken. Auch Hydropressen, die mithilfe des Wasserdrucks arbeiten, hat man schon erfolgreich getestet. Für die meisten extensiven Imker genügt jedoch ein klassi- sches Küchensieb, durch das der Honig mög- lichst warm (optimal wären 30 bis 35 °C) all- mählich tropft. So ein **Tropfhonig** braucht jedoch seine Zeit. Da das Abtropfen jedoch einige Tage dauern kann und der Honig unter

Honig ohne Schleuder gewinnen

Eine „Tropfstation" zur Honiggewinnung lässt sich aus zwei sauberen Honigeimern (ohne Auf- druck oder Etiketten) selber bauen. Dazu durch- bohren Sie den Boden des einen Eimers sauber und entfernen akribisch alle Späne und Grate. Den Deckel des anderen Eimers schneiden Sie kreisrund aus und stellen den durchbohrten Eimer auf ihn. Ein in den oberen Eimer einge- hängtes, nicht zu feines Seihtuch oder ein zurechtgeschnittenes, feines Edelstahlnetz hält das Wachs zurück, während der Honig allmäh- lich abtropft.

diesen Bedingungen gut Wasser aufnehmen und gären kann, sollte dieser Vorgang luftdicht abgeschlossen in möglichst staubfreier Umgebung erfolgen.

Wer möglichst wenig Kontakt zu Kunststoffen möchte, kann eine Siebkonstruktion zur Honiggewinnung auch aus sogenannten Gastronorm-Behältern fertigen. Diese für Großküchen gefertigten und genormten Edelstahlgefäße lassen sich in verschiedenen Größen und Tiefen kombinieren. So gibt es Siebeinsätze und dank Gummilippen dicht schließende Deckel, sodass sich sehr hygienische und geschirrspülertaugliche Tropfstationen bauen lassen. Zudem lassen sich die 53×32 Zentimeter weiten und etwa 20 Zentimeter hohen Gefäße einfach in einer Bain-Marie warm halten, einem sehr genau zu temperierenden Wasserbad für den Gastronomieeinsatz. Das darf aber nur mit einem dicht schließenden Deckel mit Silikondich-

tung geschehen, damit der Honig keinen Wasserdampf abbekommt.

Natürlich bietet der Imkereifachhandel auch spezielle Wärmeschränke an, und manch findiger Imker baut sich einen derartigen Schrank aus einem ausgedienten Kühlschrank und einer thermostatgesteuerten Terrarienheizung.

Im Imkereibedarf gibt es zudem Spitzsiebe aus lebensmitteltauglichem Kunststoffgewebe, die sich in zugehörige Edelstahlabfüller einhängen lassen. Gut abgedeckt und warm aufgestellt, tropft auch hier der Honig ganz von allein. Allerdings tropft der Honig umso schlechter, je trockener (und damit eigentlich auch besser) er ist. Umso wichtiger ist dann das Erwärmen – und sei es nur im Edelstahlgefäß am sonnigen Fenster.

Sie sollten aber mit einem Minimum-Maximum-Thermometer überprüfen, dass es nicht womöglich zu warm wird – dann

Entdeckelungswachs ist unbebrütet und weiß – erst durch Pollenöle und Propolis wird es gelblich-braun.

leiden die Enzyme des Honigs und der (für den menschlichen Verzehr allerdings unproblematische) Gehalt an Hydroxymethylfurfural (HMF) steigt. Bei zu starker Erwärmung schmilzt schließlich das Wachs. Es verklebt das Sieb und liegt als Schicht auf dem Honig – nach diesem Prinzip funktionieren sogenannte Deckelwachsschmelzer, bei denen Infrarotlampen erst für das beschleunigte Abtropfen des Honigs und dann für das Schmelzen des Deckelwachses sorgen. Diese leider recht teuren Geräte richten sich an Imker mit großen Erntemengen, die dafür eine Schleuder benutzen und die Wabenzellen erst öffnen (entdeckeln) müssen.

Das abgetropfte Wachs ist zu wertvoll, um es zu entsorgen. Selbst wenn man weder eigene Kerzen gießen möchte noch einen eigenen Wachskreislauf plant, sollte man es unbedingt aufbewahren (siehe auch „Wachs ernten"). In einem dicht schließenden Gefäß oder Beutel verpackt, bleibt das honigfeuchte Wachs sehr lang haltbar. Sobald es jedoch Wasser aufnimmt, fängt es an zu tropfen und zu gären. Daher sollte man es entweder zu einem haltbareren Wachsklotz einschmelzen und einlagern oder innerhalb des Vereins handeln oder verkaufen. Wer dazu keine Möglichkeit hat, sollte das Wachs keinesfalls auf den Kompost geben – der süße Duft lockt so manche, nicht immer erwünschte Besucher mit feinen Nasen in den Garten!

Heutzutage ernten die meisten Imker ihren Honig mit einer Schleuder und auch die Kunden sind einen klaren, schaumfreien und lange lagerfähigen **Schleuderhonig** gewöhnt. Die Ausbeute ist nicht nur besser, sondern auch der kostbare Wabenbau bleibt erhalten, um ihn den Bienen zurückgeben zu können.

Für die Schleuderung der möglichst noch stockwarmen Waben müssen sie entdeckelt werden. Dazu gibt es inzwischen eine große Vielfalt an technischen Hilfsmitteln und es empfiehlt sich, möglichst viele davon auszu-

VERGLEICH VERSCHIEDENER ENTDECKELUNGSGERÄTE

	Entdeckelungsgabel
Bezug des Geräts	Imkereifachhandel
notwendige Voraussetzungen des Wabenbaus	keine, sofern die Wabe geringfügig mechanisch belastbar ist
versagt bei	zu weichen, beweglichen Wabenzungen
erforderliches Zubehör	Entdeckelungsgeschirr oder vergleichbare Siebeinrichtung, in der das Deckelwachs abtropfen kann (am besten abdeckbar)
Anschaffungskosten	unter 10,– € (ohne Abtropfeinrichtung)
Anwendung	Abheben der Zelldeckel
Arbeitsgeschwindigket	gering
Anteil Entdeckelungswachs	ja
Honiganteil im Entdeckelungswachs	Ja
Auswirkung auf Schleuderergebnis	gute Wabenleerung, mäßiger Wachsanteil im Honig verursacht nach einiger Zeit Zusetzen des Doppelsiebs
Nebenwirkungen	keine

Heißluftföhn	Entdeckelungsmesser	Entdeckelungswalze
Baumarkt (Heißluftföhn mit breiter Düse, zum Beispiel von Steinel mit Temperatursteuerung)	Imkereifachhandel, für die kalte Entdeckelung unbeheiztes Tortenbodenmesser mit Wellenschliff	Imkereifachhandel, als sogenannte Stippwalze aus Kunststoff
Mobilbau mit unbebrüteten Waben	Mobilbau, am besten ohne Hoffmann-Seitenteile, mit überstehendem Wabenbau (Dickwabe)	gedrahteter, belastbarer Mobilbau
Waben mit Honigspritzern auf der Oberfläche, Waben ohne Lufteinschluss unter den Deckeln (bebrütete Waben)	Senken im Wabenbau, Wabenbau ohne Überbau zum Rähmchenholz	zu weichen, beweglichen Wabenzungen
Wachsspritzschutz (etwa aufgeschnittener Karton), Stromanschluss	Entdeckelungsgeschirr oder vergleichbare Siebeinrichtung, in die das Deckelwachs abtropfen kann (am besten abdeckbar), Stromanschluss	Schale zum Ablegen und ggf. Besteck zum Reinigen der Walze
25,– bis 100,– €, je nach Gerätequalität	Tortenbodenmesser unter 20,– €, elektrisch beheizbares Messer ca. 150,– € (ohne Abtropfeinrichtung)	ca. 20,– €
Aufschmelzen der Deckel und Absprengen durch sich ausdehnende Luft	säbelndes Abschneiden des Überbaus, warme Klinge beschleunigt die Entdeckelung	Aufreißen beziehungsweise Aufstechen der Wachsdeckel
hoch	hoch	hoch
nein	ja, viel	nein
keiner	ja, viel	keiner
vereinzelt schlechte Leerung durch Wulstbildung, kein Zusetzen des Doppelsiebs	gute Wabenleerung, kein Zusetzen des Doppelsiebs	Wabenleerung nur bei höherer Drehzahl gut, schnelles Zusetzen des Doppelsiebs (viel Wachs im Honig)
• bei Folgeschleuderungen oft schlechter, da vermehrtes Verdeckeln von Leerzellen und fehlende Lufteinschlüsse • Stromverbrauch • Aufheizen des Schleuderraums • Wärmeschaden am Honig vernachlässigbar gering	• eventueller Wärmeschaden am Honig bei heißer Entdeckelung vernachlässigbar gering • Stromverbrauch • Wachsspritzer auf Entdeckelungsgeschirr	• ausgefranstes Wabenbild • bei größeren Erntemengen anstelle des Doppelsiebs Klärung über Honigsumpf, Vertikalsieb oder Linzer Honigsieb

probieren. Günstig ist es, wenn Sie zwischen verschiedenen Methoden wählen können – vor allem, wenn es sich um mit Naturbau ausgebaute Rähmchen handelt.

Die entdeckelte Wabe wird dem Schleudertyp entsprechend in die Schleuder gestellt – da die Wabenzellen leicht nach oben gewinkelt sind, ist das richtige Einstellen wichtig, damit der träge Honig dann bei der Drehung an die Wandung geschleudert wird. Die optimale Geschwindigkeit hängt vom Durchmesser der Schleuder ab. Je weiter die Wabe von der Drehachse entfernt ist, desto besser erfolgt die Leerung. Allerdings halten manche Waben diese Kräfte nicht aus und brechen. So ein Wabenbruch ist aber kein Drama und wird von den Bienen schnell repariert.

Der Honig sammelt sich am Boden der Schleuder und fließt über einen Quetschhahn ab. Manche Imker rüsten eine Bodenheizung nach, damit der warme Honig noch besser aus der Schleuder und durch das üblicherweise verwendete Honig-Doppelsieb in den Eimer fließt. Dabei empfehlen sich Honigeimer von bis zu zwölf Kilogramm Gesamtgewicht, die für die Imkerin noch gut trag- und stapelbar sind.

In der Regel ist diese Passage der kritischste Bereich bei der Honigernte. Nahezu jeder Imker kann Leidensgeschichten von verstopften und damit überlaufenden Sieben erzählen. Findige Hersteller haben inzwischen sündhaft teure „Honigwächter" entwickelt, die beim Überschreiten bestimmter Pegelstände schrille Alarmtöne von sich geben. Für den Hausgebrauch empfiehlt sich, unter den Eimer eine nicht zu niedrige Edelstahlwanne zu stellen, damit eventuell über den Rand tretender Honig zumindest für den Eigenbedarf noch gerettet werden kann. Noch sicherer ist die Verwendung eines Siebkübels, bei dem der Honig in zwei ineinander gestülpte Grob- und Feinsiebe fließt und über einen oberen Quetschhahn austritt. Der Nachteil ist allerdings, dass diese Kübel relativ große Mengen fassen (etwa 35 Kilogramm) und sich damit für die Ernte kleinerer Mengen oder Sorten nicht eignen.

Umgang mit dem Honig

Honig gilt in der Lebensmittelüberwachung als sogenanntes „unkritisches" Lebensmittel. Im Gegensatz zu Fleisch oder Milch ist er länger haltbar, bedarf keiner besonders aufwendigen Lagerbedingungen und selbst „schlechter", nämlich gäriger Honig kann noch zum Backen verwendet werden, ohne schwere Erkrankungen zu verursachen. Nur kleinen Kindern unter einem Jahr sollte man keinen Honig geben, da es einige Fälle von schwerem Botulismus gab. Offenbar sammeln die Bienen gelegentlich den eigentlich anaeroben Erreger *Clostridium botulinum* ein, der bei Säuglingen aufgrund des noch unreifen Immunsystems Fuß fassen und eine lebensbedrohliche Botox-Vergiftung verursachen kann.

HONIG LAGERN

Honig benötigt einen trockenen, kühlen und dunklen Lagerort, der frei von fremden Gerüchen und Tieren jeder Art ist. Da sich Honig mit der Zeit verändert und die meisten Sorten kristallisieren, sind luftdicht schließende und lebensmitteltaugliche Gefäße in handlichem Format am praktischsten. Die

Zwölf-Kilo-Honigeimer haben auch hier die Nase vorn. Sie lassen sich gut stapeln, und bei Bedarf passen sie in einen Glühweintopf, um den Honig im Wasserbad wieder fließfähig zu machen.

Viele Imker greifen auch gern auf geleerte Eimer aus Großküchen zurück, die zum Beispiel für Soßen und Siedefett benutzt worden sind. Das ist trotz lebensmitteltauglichen Materials nicht immer zu empfehlen. Oft warnt schon die Nase vor der Verwendung des augenscheinlich sauberen Eimers – ein Honig mit feiner Sauce-béarnaise-Note ist laut Honigverordnung nicht mehr verkehrsfähig, selbst wenn die inneren Werte wie der Wassergehalt noch stimmen.

HONIG SIEBEN UND KLÄREN

Der frisch geschleuderte und durch das Doppelsieb gelaufene Honig sollte umgehend durch ein feines Spitzsieb passiert werden. Solche Siebe gibt es passend zum Edelstahlabfüller. Praktisch sind jedoch auch die unverwüstlichen Dreibein-Ständer, die auf den Eimerrand gesetzt werden. Bei sehr trockenem Honig kann das Sieben sehr lang dauern, sodass es am besten in geschlossenen Behältern erfolgt (zum Beispiel im abgedeckten Abfüller).

Die Siebe dürfen anschließend allenfalls mit handwarmem Wasser ausgewaschen werden, damit das Wachs nicht schmilzt und die Poren verstopft. Der gesiebte Honig kann nun einige Tage im verschlossenen Eimer ruhen, bis sich eine dünne Schaumschicht gebildet hat. Diese lässt sich mit einem über den ganzen Honigspiegel blasenfrei aufgelegten Stück Klarsichtfolie sehr sauber und vollständig entfernen. Die Folie sollte man über Nacht in eine Schale abtropfen lassen. Der gewonnene Schaumhonig ist eine leckere Spezialität. In der Regel bekommt man ihn exklusiv nur in Imkerhaushalten!

HONIG RÜHREN

Je nach Honigkomposition aus Frucht- und Traubenzucker, Lagertemperatur und Wassergehalt kristallisiert Honig unterschiedlich schnell. Während Rapshonig manchmal schon in den Waben kristallisiert und spätestens zwei Wochen nach der Schleuderung fest ist, ist mancher Frühtracht-Honig noch im Herbst flüssig. Gelegentliches Rühren – ein einfacher Schaumlöffel oder ein Kartoffelstampfer genügen, sofern sauber und aus Edelstahl – zeigt erste Veränderungen. Dabei sollten Sie keine Luft unterrühren, sondern den Honig von außen nach innen durch Auf- und-Ab-Bewegungen gemächlich rührend umschichten.

Spätestens bei erkennbaren Eintrübungen oder Kristallen auf dem Rührwerkzeug sollte tägliches Rühren auf dem Stundenplan ste-

Feine Kristalle lassen den Honig cremig werden. Das geht schneller, wenn man ihn „animpft".

Cremiger Honig

Wenn Sie nicht so lang auf cremigen Honig
warten möchten, können Sie ihn auch einfach
mit einem Honig in bereits gewünschter Konsistenz „animpfen". Diesen erwärmen Sie im
Wasserbad, bis er weich und mischbar ist.
Dann rühren Sie den anzuimpfenden Honig
unter und rühren die Mischung jeden Tag einmal gründlich durch. Nach sieben bis zehn
Tagen ist der Honig dann abfüllbereit kristallisiert. Es genügen fünf bis zehn Prozent „Impf-
honig". Besonders geeignet ist Rapshonig, der
naturgemäß bereits sehr fein und schnell kristallisiert.

hen. So bilden sich feinere Kristalle und der
Honig wird am Ende cremig und streichfähig.
Bevor er jedoch so cremig wird, sollten Sie ihn
abgabegerecht portionieren. Der klassische
„Perlmutt-Schimmer" ist ein guter Hinweis.
Generell merken Sie es aber schon beim Rüh-
ren, wenn es beschwerlich wird.

Wenn Sie den Honig ungerührt stehen lassen, können Sie je nach Sorte nach einiger
Zeit eine Phasenbildung beobachten – während der Honig oben noch flüssig erscheint,
haben sich unten bereits dicke Kristalle gebildet. Ein gründliches Durchrühren führt dann
zu einem schnellen Durchkristallisieren, doch
im Gegensatz zu denen des früh gerührten
Honigs bleiben die großen Kristalle meist
noch auf der Zunge spürbar. Ein solcher „kna-
ckiger" Honig findet ebenfalls viele Liebha-
ber, und wer seine Kunden auf dem Etikett
auf diese heutzutage eher selten zu findende
Konsistenz hinweist, wird keine Reklamatio-
nen ernten.

Unschön ist es allerdings, wenn diese Pha-
sentrennung im Glas und im Küchenschrank

des Kunden erfolgt – daher sollte man entweder zum schnellen Verzehr auffordern oder
den Honig erst dann abfüllen, wenn die Kris-
tallisation gut vorangeschritten ist.

HONIG ABGEBEN

Schon ein einzelnes Bienenvolk produziert
ordentlich Honig, und selbst wer dem Volk
genug Honig für die Überwinterung lässt,
kann im städtischen Raum mit rund 20 Kilogramm Honigernte rechnen. Da liegt es nahe,
den Nachbarn, Freunden und Bekannten ein
Gläschen der eigenen Ernte zu überreichen
oder im Austausch für die Mühen und die
Kosten zu verkaufen.

Doch schon mit einem verschenkten Glas
unterliegen die Imkerin und ihr Produkt allen
damit verbundenen Gesetzmäßigkeiten. Der
Honig muss mindestens die Bestimmungen
der deutschen Honigverordnung erfüllen und
entsprechend der EU-Lebensmittel-Infor-
mationsverordnung (LMIV) gekennzeichnet
sein. Zur Untersuchung der Honigqualität
sollte man sich eine Untersuchung durch
ein Honiglabor leisten. Gerade zu Beginn der
Imkerei ist das empfehlenswert, denn oft
wird dabei auch gleich geprüft, ob die Ver-
packung stimmt und das Etikett allen rechtlichen Ansprüchen genügt – sofern man die
Honigprobe abgabefertig etikettiert einreicht.

Auf das Glas gehören gehören eine kor-
rekte Produktbezeichnung, die Füllmenge
in mindestens vier Millimeter großen Lettern, Ursprungsland, Name und Anschrift der
Imkerei sowie eine Losnummer, falls kein tag-
genaues Mindesthaltbarkeitsdatum angege-
ben wird. Empfehlenswert ist der Hinweis zu
den optimalen Lagerbedingungen wie auch
der Vermerk „Mehrwegglas" und die Berech-
nung eines Glaspfands.

Zudem ist es für die Abfüllung erforderlich, zumindest Zugriff auf eine amtlich
geeichte Waage mit entsprechender Genau-

igkeit zu haben – da kann oft ein Vereinskollege helfen.

Wer Honig gewinnen will, sollte sich rechtzeitig um einen Platz im nächsten Honigkurs bemühen. Diese Kurse werden bundesweit vor allem für die Imker angeboten, die im Einheitsglas des Deutschen Imkerbunds abfüllen wollen, denn sie müssen die Teilnahme nachweisen. Dort werden diese rechtlichen Grundlagen vermittelt.

Vor diesem Hintergrund kann man gerade der extensiven Imkerin mit einer geringen Ernte nur empfehlen, den Honig selber zu essen – schon mit dem Überreichen eines Glases über den Gartenzaun begibt man sich praktisch auf das juristische Glatteis der Produkthaftung. Selbst bei einem so „unkritischen" Lebensmittel kann das einen spontanen Besuch der Lebensmittelaufsicht nach sich ziehen.

HONIG VEREDELN

Aus Honig kann man mehr machen, außer ihn ins Glas zu füllen. Honig kann „aromatisiert" werden – getrocknete Kräuter wie Rosmarin, Lavendel, Salbei und Zitronengras oder Gewürze wie Minzen, Zimt oder Vanille werden dazu zerstoßen und mit einem möglichst milden Honig (zum Beispiel Robinie) vermischt. Mindestens zwei Wochen lang im Dunklen gut verschlossen und regelmäßig geschwenkt erhält der Honig eine neue Note, die Soßen, Dressings, Getränken und Gebäck ein neues Profil verleiht.

Die Würzmittel müssen Sie vor Verwendung des Honigs natürlich aussieben. Sie müssen gut getrocknet sein, damit sie nicht zu viel Wasser in den Honig eintragen. Keinesfalls darf man diese Mischungen jedoch beispielsweise als „Vanille-Honig" verbreiten. Rechtlich unbeanstandet darf die Mischung aber zum Beispiel „Zimt mit Honig" genannt werden. Solche „aromatisierten" Honige las-

sen sich auch gut mit zerstoßenen Nüssen zu leckeren Brotaufstrichen verarbeiten. Sie sollten dann aber kühl gelagert und innerhalb weniger Wochen verbraucht werden.

Aus Honig lassen sich leckere Pralinen und Bonbons fertigen. Wie Haushaltszucker kann Honig auf einer weiten Pfanne eingekocht und karamellisiert werden, wobei anschließend auf einen Teil Honig ein halber Teil Sahne und ein Stück Butter gegeben werden. Zügig verrührt, kann die Masse anschließend auf Backpapier im Tiefkühler erstarren und mundgerecht zerbrochen werden. Beigefügte Nüsse oder grobes Meersalz geben solchen Leckereien einen besonderen Pfiff.

Imkerei und Steuern

Die meisten Imkerinnen müssen allenfalls den Amtstierarzt über die Bienenhaltung informieren – erst wenn das 26ste Bienenvolk aufgestellt wird, werden Abgaben zur landwirtschaftlichen Berufsgenossenschaft fällig. Das Finanzamt interessiert sich erst ab dem 31sten Volk für die Erlöse aus der Imkerei, wobei man einen moderaten pauschalen Gewinn ansetzen kann. Beim erheblichen Zukauf und Verkauf nicht selbst hergestellter Bienenprodukte (zum Beispiel Kosmetikartikel oder Honig-Gummibärchen) sowie der Veredelung der eigenen Honig- und Wachsernte zu Likören oder Kerzen gilt man nicht mehr als „landwirtschaftlicher Urproduzent", sodass man einen Gewerbeschein benötigt. Während man beim Verkauf des eigenen Honigs und Rohwachses 10,7 Prozent Mehrwertsteuer auf der Rechnung ausweisen darf (aber nicht abführen muss), sind dann auch andere Mehrwertsteuersätze auszuweisen und abzuführen. Hinzu kommen diverse Deklarationspflichten in der Steuererklärung und auf den Etiketten, sodass man sich diesen Schritt sehr gut überlegen sollte.

Die Veredelung der eigenen Ernte zu Honigwein (Met) oder das Brauen eines Honigbiers sind durchaus anspruchsvoll. Dazu benötigen Sie einiges an Übung, Spezialwissen und -gerät. Daher empfehlen sich zu Beginn Liköre. Dafür benötigen Sie nicht einmal den besten Honig – ein Schluck Wasser im geleerten Honigeimer löst die Reste, die sich dann mit hochprozentigem Ansatzalkohol oder Weingeist und Gewürzen, Nüssen und Sahne verfeinern lassen. Wer den preiswerteren Wodka (ca. 40 Volumenprozent Alkohol) benutzen möchte, kommt jedoch nicht darum herum, das Honigglas zu plündern. Nur dann weist der Likör trotz der Verdünnung durch Honig und andere Zutaten am Ende noch die im Handel üblichen 20 Volumenprozent auf.

Für einen klassischen „Bärenfang" werden Honig, Wasser und Ansatzalkohol (etwa 96-prozentiger Alkohol) zu je einem Drittel gemischt und je nach Geschmack mit Gewürzen (Sternanis, Zimt, Nelken, Ingwer, Vanilleschote) und ungespritzter Orangen- oder Zitronenschale für einige Wochen dunkel und dicht verschlossen gelagert. Je länger die Lagerung, desto intensiver werden die Aromen der Gewürze – daher sollten Sie ruhig zurückhaltender würzen und mit verschiedenen Honigsorten experimentieren. Über einen Kaffeefilter können die Gewürze anschließend abgetrennt werden.

Varroa-Management

Die Varroa-Milbe (*Varroa destructor*) ist der größte Gegenspieler der Imkerei. Oder besser Gegenspielerin, denn auch dieser Erzschurke in der von Frauen dominierten Bienenwelt ist weiblich. Die Varroa-Milbe übernimmt im Bienenvolk sozusagen die Rolle von Lex Luthor, J. R., den Borg oder Mr. Blofeld (fügen Sie hier bitte einen Bösewicht Ihrer Wahl ein).

Zahlreiche Krankheiten werden von der Varroa-Milbe übertragen, da sie sich inzwischen bei verschiedenen Bienenviren den Ruf eines verlässlichen Shuttles in die empfindliche und ungeschützte Bienenbrut erworben hat. Dadurch hat sie die Imkerei nicht nur komplizierter gemacht, sondern sie stellt die Imker alljährlich vor die ungeliebte Wahl zwischen Pest und Cholera. Kein totes oder siechendes Bienenvolk, bei dem man nicht diesen Erzrivalen verdächtigt, und in den letzten Jahren hat die Forschung unheilvolle Allianzen zwischen Pestiziden und der Milbe enthüllt.

LEBENSZYKLUS DER MILBE

Dabei ist die Varroa-Milbe mit all ihrem Schrecken eine menschgemachte Heimsuchung. In ihrer asiatischen Heimat lebt sie mit ihrem Wirt, der Östlichen Honigbiene *Apis cerana*, in einem dynamischen Gleichgewicht. Das Milbenweibchen sucht zur Vermehrung die Brutzelle der Biene kurz vor deren Verdeckelung auf, wo sie sich im Futtersaft der Larve versteckt. Mit der Verpuppung der Larve sucht die Milbe die Bauchseite der Puppe auf und beißt ein Loch in die weiche Bauchdecke. Aus diesem Loch werden sich alle ihre Nachkommen nähren, die sie in der Zelle zur Welt bringen wird. Der Vermehrungszyklus der Milbe beginnt mit der Ablage eines einzelnen, unbefruchteten Eies, aus dem sich ein Männchen entwickelt. Die Mutter verpaart sich mit ihrem Sohn und legt weitere Eier, aus denen sich nun Weibchen entwickeln.

Beim wiederholten Saugen an der Puppe finden Bienenviren aus dem Milbenweibchen den Weg in die werdende Biene. Dort können sie erheblichen Schaden anrichten – so zeigen die verkrüppelten Flügel und verkürzten Hinterleiber schlüpfender Bienen die Anwesenheit des „Deformed Wing Virus". Mit der Biene schlüpfen auch die Milbenweibchen, um nach kurzer Reifezeit auf adulten Bienen erneut Brutzellen zu besteigen.

KAUM ABWEHRMECHANISMEN

Während sich die Östliche Honigbiene von den Milben durch Schwärmen, gegenseitiges Abputzen oder das Versiegeln der von der Milbe befallenen Zellen effektiv befreit, hat unsere Honigbiene kaum Abwehrmechanismen entwickelt. Die Folgen sind verheerend, denn die exponentielle Entwicklung der Milben ist besonders tückisch. Aus einer Milbe werden nach der winterlichen Brutpause 100,

und wenn im Spätsommer das Brutnest der Bienen schrumpft, drängeln sich manchmal drei oder mehr Milbenweibchen in einer Brutzelle.

Dann kann ein bisher gesund erscheinendes, vitales Bienenvolk sehr schnell zusammenbrechen, und die Milben fliehen auf dem Rücken der Arbeiterinnen in andere Bienenvölker. Dort führt dann diese sogenannte Reinvasion zu weiterer Belastung. Daher ist es nicht ungewöhnlich, dass Bienenvölker schon vor der Winterpause zusammenbrechen und leere Bienenkästen ohne Totenfall zurücklassen. Gerade die stärksten, brutfreudigsten Völker, die im Frühjahr keinen Schwarm abgegeben haben und im Sommer gute Honigernten lieferten, sind dann oft die ersten, deren Kästen im Herbst verwaist und leer sind.

Daher beginnt auch für die Imkerin ab dem Zeitpunkt, an dem die Königin ihr erstes Ei nach der Winterpause legt, ein Wettlauf

Diese Milbe ist in eine Brutzelle gestiegen, um Nachwuchs zu zeugen.

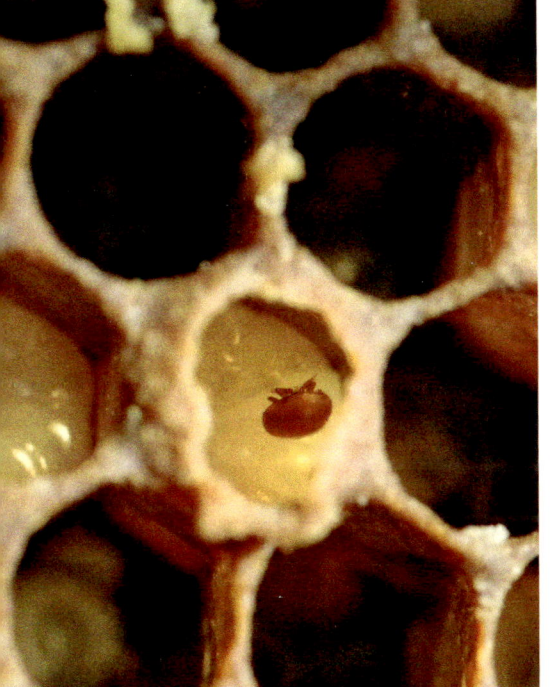

Vor stark milbenbefallenen Völkern finden sich kranke Bienen mit aufsitzenden Milben.

mit der Milbe. Analog dem aus der Evolutionstheorie bekannten „Red Queen Effect", nach dem man so schnell rennen muss wie man nur kann, damit man am selben Fleck bleibt, geht es mit viel Aktivität nur darum, den Status quo zu bewahren. Nur so kann das Bienenvolk mit möglichst wenigen Milben am Saisonende in die winterliche Brutpause gehen.

Dabei könnte die Natur das viel besser regeln – wenn man sie denn nur ließe. Es gibt inzwischen viele regionale Beispiele von Honigbienenpopulationen, die ohne jeden Eingriff mit der Milbe klarkommen. Doch der Preis für diese Anpassung ist hoch – nach einer Phase massiver Bestandszusammenbrüche müssen sich die Bestände aus den überlebenden Völkern wieder aufbauen, und das möglichst so, dass sie dabei die über jahrzehntelange Zuchtarbeit ausgeprägten Eigenschaften behalten. Daher sind bisher solche Anpassungen häufig in gänzlich unkontrollierten oder allenfalls in nur sehr extensiv genutzten Beständen wie zum Beispiel in Südafrika erfolgt. In intensiv imkerlich betreuten, dichten Bienenbeständen ist dieser Anpassungsprozess in der Praxis kaum durchführbar.

ERSTE HILFE GEGEN VARROA

Inzwischen steht der Imkerin ein „Werkzeugkasten" zur Verfügung, mit dem sich die Milbe im Zaum halten lässt – von der feinsten Pinzette bis zum groben Vorschlaghammer ist alles dabei. Doch man sollte sich dabei nichts vormachen: Jeder Versuch, der Milbe zu schaden, ist ein Eingriff in den Bien, den allumfassenden Bienenkörper. Wieder einmal müssen Kompromisse eingegangen werden. Die Milbe kann weder eliminiert noch getilgt, doch zum Wohl der Bienen muss sie gemanaged werden – zumindest, wenn man die Bienen über längere Zeit

erfolgreich in imkerlich dicht besiedelten Gegenden halten möchte.

Häufig berichten Imker, dass sie kaum Milben finden und dann plötzlich im September und Oktober alles aus dem Ruder läuft. Dann rieseln plötzlich die Milben und verkrüppelte Bienen tauchen auf. Die typische, exponentielle Vermehrung der Milbe, kombiniert mit der Reinvasion aus zusammenbrechenden Völkern, ist vor allem in Gebieten mit hoher Bienen- und Imkerdichte ein Problem.

Leider bedeutet die hohe, individuelle Vermehrungsrate auch, dass die Anpassung der Milben an Wirkstoffe und Anwendungsverfahren rasant verläuft. Einst als Standardmittel verwendete Präparate sind heute nahezu wirkungslos und vom Markt verschwunden. Keinesfalls sollte man also den im Folgenden vorgestellten Werkzeugkasten als vollständig und abgeschlossen betrachten, sondern stets in Bienenzeitungen und Foren nach neuen Ansätzen zum Varroa-Management Ausschau halten und es auch wagen, sie auch in der Praxis umzusetzen.

Jedes Behandlungskonzept beruht auf der Kombination eines gegen die Milbe wirksamen Varroazids und eines Anwendungsverfahrens, das die Wirksamkeit des Verfahrens zulasten der Milben optimiert. Die verfügbaren Mittel reichen von ätherischen Ölen über organische Säuren bis hin zu klassisch-chemischen Varroaziden, die bei richtiger Anwendung zwar die Bienen belästigen oder sogar beeinträchtigen, aber die Milben ernsthaft schädigen. Die pharmazeutische Zulassung der Varroazide ist in der Regel an bestimmte Anwendungsformen gebunden. So sind neben fertigen Streifen zum Auflegen oder Einhängen auch spezielle Geräte wie der Nassenheider Verdunster zugelassen.

In Imkerkreisen zirkulieren jedoch noch viele Anwendungsformen, für die oft nur aus mangelndem wirtschaftlichem Interesse nie eine Zulassung betrieben wurde. Solche

Zulassungsverfahren sind sehr teuer und aufwendig, und kein Unternehmen wird die Kosten eines Applikators tragen wollen, der auf Schwammtüchern vom Discounter für unter 1,– € das Stück basiert. Fertige Bienenmedikamente sind in der Regel recht teuer, und nur wer in einem Bundesland wohnt, dass in den Genuss der europäischen Agrarförderung kommt, kann von subventionierten Medikamenten profitieren, die häufig über den Imkerverein bestellt werden können.

Manche Initiativen haben inzwischen selber Untersuchungen angestellt und recht verlässliche Daten über alternative und teilweise in Österreich, Italien und der Schweiz zugelassene Anwendungsformen gesammelt. Untersuchungen zur Anwendungssicherheit des Verdampfens und des Sprühens von Oxalsäure konnten das oft vorgebrachte Argument mangelnder Sicherheit und gefährlicher Nutzerexposition nicht bestätigen (zum Beispiel T. J. Gumpp: „Untersuchungen zur Arbeitssicherheit des Imkers bei der Anwendung von Oxalsäure zur Bekämpfung der Varroatose", Dissertationsschrift, Universität Tübingen, 2004). Dennoch sind diese Anwendungsformen bei Völkern, deren produzierter Honig in Umlauf gebracht wird, offiziell untersagt.

Andere Verfahren wurden bereits früh entwickelt und sind bis heute oft aus praktischen Gründen beliebt, obwohl auch sie nie offiziell zugelassen wurden. So hält sich die Methode der nächtlichen Verdunstung von Ameisensäure mithilfe eines Schwammtuchs vor allem deshalb, weil die Schwammtücher preiswert sind, die Behandlung schnell geht und man keine zusätzlichen Zargen oder Applikatoren benötigt.

Weitere Verfahren sterben dagegen allmählich aus, da der Kreis der Nutzer trotz Zulassung sinkt. So wird das jahrelang angewandte Perizin inzwischen nicht mehr hergestellt, obwohl es in der Anwendung sehr komfortabel und wirksam war. Doch die wachsende Sensibilität der Imker gegenüber Verunreinigungen des Wachskörpers im Bienenvolk und zunehmende Resistenzen haben dieses Mittel wohl allmählich aus dem Markt getrieben. Auf andere Mittel muss die Imkerin noch warten. So ist das bereits 2011 erfolgreich getestete und in vielen Ländern bereits erhältliche „HopGuard" mit Inhaltsstoffen aus Hopfen bis heute nicht zugelassen.

Übungen 6 und 7

> Lesen Sie im Gemüll und stellen Sie sich Ihren Aktionsplan gegen die Varroa-Milbe zusammen! Für die Einsteigerin empfehlen sich zu Beginn fertige Präparate und Verfahren wie der Drohnenbrutschnitt, gefolgt von MAQS-Strips in Kombination mit TBE zur Bauerneuerung und zum Schluss ein Thymol-Präparat im September/Oktober. Beachten Sie die Beipackzettel, was Dosierung, Handhabung und gleichzeitige Fütterung angeht!

VARROA-DIAGNOSTIK

Grundsätzlich ist es für die Anwendung der im Folgenden vorgestellten Mittel wichtig, den Erfolg der Behandlung kontrollieren zu können. Dazu dient in der Regel eine Schublade oder ein Brettchen, das unter den Wabenbau geschoben wird und auf dem sich die abfallenden Milben sammeln. Die täglich anfallenden toten Milben lassen sich ermitteln, wenn man den Schieber drei Tage lang einsetzt und die Zahl der Milben durch drei teilt. Im Winter kann es bei geringem Milbenbefall erforderlich sein, den Einschub über eine längere Zeit einzusetzen.

Da Ameisen die Milben fleißig herunterräumen und verzehren, sollte man das Brettchen „windeln" und mit einem in Speiseöl getränkten Haushaltstuch abdecken – das bleibt dann in der Regel frei von Ameisen und anderen Mitessern. Dementsprechend bunt kann so eine Windel dann aussehen – abgefallene Pollenhöschen in allen Farben, Teile von Bienen, abgenagte Wachszelldeckel und so manches Getier finden sich darauf.

Die dunkelbraunen, ovalen Milben sind gut zu erkennen, doch gerade nach einer Ameisensäurebehandlung finden Sie auch hellbraune, unreife Milben, die beim Schlupf oder Ausräumen einer Zelle heruntergefallen sind.

So eine Windel ist nur sinnvoll, wenn die Bienen keinen Zugang zu ihr haben und die Schublade unter einem bienen-, aber nicht varroadichten Gitterboden eingelegt wird.

Zur Varroa-Kontrolle kann man das eingeschobenen Brettchen mit einem mit Speiseöl getränkten Tuch abdecken, damit Ameisen nicht die Milben abräumen und das Ergebnis verfälschen.

Moderne Magazinbeuten sind meist mit so einem offenen Gitterboden mit passendem Einschubfach ausgestattet, doch es gibt auch noch Verfechter des geschlossenen Bodens.

Gerade Beuten der extensiven Imkerei bieten solche Varroa-Böden oft nicht – hier kann der Erfolg allenfalls über eine Bienenprobe geprüft werden, bei der eine definierte Menge Bienen mit trockenem, fein gesiebten Puderzucker in einem umgebauten Joghurtbecher geschüttelt wird. Der Boden des Bechers ist durch ein bienendichtes, aber varroagängiges Gitter ersetzt worden, und geschüttelt wird mit dem Gitter nach oben. Anschließend wird der Becher gedreht und nach ein paar Minuten Wartezeit können Sie den Zucker mit den abgefallenen Milben in einem feinen Sieb sammeln und die Parasiten auswaschen. Während die eingepuderten Bienen wieder zurück ins Volk gegeben werden, können die Milben im Sieb ausgezählt werden.

Alternativ kann man die Milben von den Bienen auch mit Wasser trennen, in dem ein paar Tropfen Geschirrspülmittel gelöst sind. Das überstehen die Bienen jedoch nicht lebend, sodass sich diese Methode vor allem für die Diagnostik bei den toten Bienen abgestorbener Völker anbietet (siehe auch „Aus Fehlern lernen").

Die Zahl der Milben ergibt bezogen auf die eingesetzte Bienenmenge einen relativen Befallsgrad. Allerdings ist diese Zahl mit Vorsicht zu genießen, denn die meisten Milben sitzen in den Brutzellen und werden nicht erfasst. Eine solche Bewertung ist also nur sinnvoll, wenn man einen relativen Bezug zu dem Befall vor dem Eingriff herstellen kann. Sie müssen die Bewertung also vor und nach der Behandlung durchführen. Dabei sollte die zweite Diagnose in ausreichendem Abstand zur Behandlung erfolgen, sodass der durch die Behandlung noch erhöhte Milbenfall nicht zu falscher Interpretation führt. Dabei sollten die Brutflächen jedoch Beachtung

Die Varroa-Bekämpfung mit Milchsäure ist wieder beliebter geworden.

finden – ein Volk ohne Brut oder mit noch sehr junger Brut (wenn zum Beispiel eine junge Königin erst anfängt, zu stiften) liefert mit dem natürlichen oder mit Puderzucker gewonnenen Varroa-Abfall ein weitaus realistischeres Bild vom tatsächlichen Befall.

ORGANISCHE SÄUREN

Die meisten Imker und Imkerinnen setzen für die Varroa-Behandlung auf organische Säuren, wobei die **Milchsäure** – einst noch vor der Oxalsäure zur Winterbehandlung eingesetzt und aufgrund der komplizierten Anwendung im Dornröschenschlaf versunken – aktuell wieder mehr Freunde gewinnt. Zumindest bei kleinen Völkerzahlen ist diese sehr milde (aber dennoch als „reizend" gekennzeichnete) Säure noch gut anzuwenden. Sie kann nicht durch Verdunstung im Volk verteilt wer-

den, sondern muss wabenweise versprüht werden. Demnach funktioniert die Methode nur bei einem lockeren, flächigen Bienensitz. Bei einem eng sitzenden Schwarm oder einer Wintertraube ist sie nicht so wirksam, da man nur wenige Bienen erwischt. Leider wirkt sie nicht in verdeckelter Brut.

Milchsäure wird als 15-prozentige, wässrige Lösung mit einer Blumenspritze oder einem ähnlichen Gerät wabenweise versprüht, wobei die Bienen nur leicht benebelt werden (nebelfeucht). Damit man möglichst viele Bienen und Milben erwischt, sollte die Prozedur nach vier bis sieben Tagen wiederholt werden – am besten zu Zeitpunkten mit geringem Flugverkehr.

Bei der Milchsäurebehandlung ist es erforderlich, beim Sprühen gut in die Wabengassen zu gelangen. Entweder zieht man Rähmchen für Rähmchen heraus und besprüht

Schutzmaßnahmen

Beim Hantieren mit Säuren – ganz gleich, welcher Konzentration – muss man sich selbst schützen. Eine Schutzbrille mit Seitenschutz und säuredichte Handschuhe, am besten kombiniert mit einem langärmeligen Arbeitskittel, sind die Mindestausstattung. Beim Arbeiten mit Dämpfen und Aerosolen (zum Beispiel beim Sprühen) ist zudem ein Mundschutz der FFP2-Klasse erforderlich. Die Ausstattung ist im Baumarkt oder Arbeitsschutzfachhandel erhältlich.

über der offenen Beute beide Seiten, oder man nutzt die im Imkereifachhandel erhältlichen Geräte, mit deren verlängerter Düse man tief in die Wabengassen kommen kann. Auch Deckel- und Beuteninnenseite bekommen ein paar Pumpstöße ab.

Etwa drei Tage nach der Anwendung rieseln dann die Milben. Der Effekt ist aber kurzlebig, da sich die Milchsäure schnell zersetzt. Nach spätestens einer Woche fällt keine Milbe mehr durch die Wirkung der Milchsäure. Oft ist der Effekt schon nach ein bis zwei Tagen nicht mehr feststellbar.

Oxalsäure ist vielen Imkern aufgrund der größeren Bedenken in Bezug auf Anwendersicherheit eher unheimlich. Im Gegensatz zu Milchsäure trägt sie das unschöne „Gesundheitsschädlich"-Symbol auf dem Etikett.

Sie ist – in der richtigen Konzentration erworben – für die klassische Winterbehandlung vorgesehen, da sie als fertige, zuckerhaltige Lösung in die Wabengassen der Wintertraube geträufelt wird. Diese Säure wirkt länger als Milchsäure. Etwa fünf Tage lang ist fein erhöhter Varroa-Abfall festzustellen.

Für die erfolgreiche Anwendung durch Träufeln ist ein geschlossener Beutenboden nicht erforderlich.

Beim lockeren Wabensitz wie im Sommer wäre diese Anwendungsweise jedoch nicht wirksam; zudem wirkt auch die Oxalsäure nicht bei verdeckelter Brut.

In anderen Ländern (zum Beispiel in Österreich) wird Oxalsäure daher schon lange als wässrige Lösung analog zur Milchsäure gesprüht oder mithilfe spezieller Geräte verdampft. Inzwischen ist auch in Deutschland ein zum Sprühen zugelassenes Präparat verfügbar. Das Verdampfen ist jedoch nicht zugelassen, obwohl eine aktuelle Untersuchung belegt, dass das Verfahren effizienter und bienenschonender als Träufel- und Sprühbehandlungen ist (Hasan Al Toufailia, Luciano Scandian & Francis L. W. Ratnieks, 2015, Journal of Apicultural Research, Volume 54, Iss. 2, 108–120).

Man weiß jedoch, dass die Säure den Mitteldarm der Bienen schädigt und ihr Leben verkürzt – daher ist im Winter maximal eine Behandlung sinnvoll, denn im Gegensatz zu den schnelllebigen Sommerbienen können diese Winterbienen nicht so schnell ersetzt werden. Oxalsäure verbleibt zudem mindestens zwei Wochen auf den Bienen und über fünf Wochen auf Gegenständen, sodass mehrfache Anwendungen womöglich zu unerwünschter Anreicherung führen können.

Am häufigsten findet sich **Ameisensäure** im Imkerhaushalt – trotz des „Ätzend"-Symbols auf dem Flaschenetikett. Als 60-prozentige Lösung verdunstet sie im Bienenvolk über einen nach Herstelleranweisung eingerichteten Applikator oder wird in fertig formulierten Streifen (MAQS) eingebracht. Sie wird meist mithilfe des Varroa-Schiebers bei geschlossenem Beutenboden und weit geöffnetem Flugloch angewendet.

Als einziger Wirkstoff wirkt Ameisensäure auch nachweislich auf die Milben in verdeckelter Brut, sodass man rund drei Wochen nach Beendigung der Anwendung warten sollte, ehe man den noch vorhandenen Milbenbefall bestimmt oder die nächste Anwendung beginnt. Leider überstehen gerade die Jungbienen diesen Säureanschlag schlechter als die älteren, und wie bei der Oxalsäure kann es auch mal die Königin dahinraffen. Diese „Kollateralschäden" treten bei Kurzzeitbehandlungen über das noch oft verwendete Schwammtuch häufiger als bei einer Langzeitbehandlung mit dem Nassenheider Verdunster auf. Allerdings hat die wochenlange, niedrig dosierte Anwendung des Verdunsters oft Brutpausen zur Folge, und Kritiker befürchten die schnellere Anpassung der Milbe an diese Säure.

WEITERE SUBSTANZEN UND METHODEN

Präparate auf Thymol-Basis waren einst der große Hoffnungsträger als Alternative zur aggressiven Ameisensäure. Doch die nur sehr langsam einsetzende Wirkung, der geringere Bereich der Behandlungstemperatur und der lang anhaltende Geruch haben diese Präparate nicht sehr populär gemacht. Womöglich geschah das zu Unrecht, denn neuere Untersuchungen deuten darauf hin, dass sich die Wachsanreicherung zügig abbaut und dass das Präparat im Anschluss an die Spätsommer-Behandlung eingesetzt werden kann, um der Reinvasion auch bei kühleren Herbst-Bedingungen Einhalt zu gebieten.

Der lieben Ordnung halber seien noch die Angebote der pharmazeutischen Industrie genannt, die jedoch aufgrund ihrer Anreicherung im Wachs, der Resistenzen und des teuren und aufwendigen Bezugs ein Nischendasein fristen. Hinzu kommt ein wachsendes Angebot an techniklastigen Verfahren, bei denen einzelne Waben oder ganze Völker aufgeheizt oder mit angeblich die Milben schä-

digenden Ultraschallwellen traktiert werden. Die Hitzebehandlung von Drohnenbrutrahmen soll dazu führen, dass die durch Hitze abgetötete Brut mitsamt der Milben entsorgt werden kann. Die Hersteller der Ultraschallgeräte sprechen jene Imker und Imkerinnen an, denen das Hantieren mit „Chemie und Säuren" zuwider ist. Die bisher verfügbaren und einigermaßen verwertbaren Untersuchungen zeigen jedoch einen bestenfalls mäßigen Erfolg dieser teuren und aufwendigen Techniken.

PRAKTISCHE ANWENDUNGSVERFAHREN

Es haben sich eine Reihe von Anschluss-Kombinationen wie die schon erwähnte Ameisensäure-Thymol-Anwendung bewährt. Es gibt jedoch auch Anwendungsverfahren, die für die Behandlung günstige Bedingungen schaffen und dabei sogar noch andere typische Imker-Sorgen erledigen, wie etwa die Entnahme alter, aber brutfreier Waben.Dabei geht es meist um die Entfernung der Brut, sodass man die Milben auf den Bienen mit einer größeren Auswahl an Behandlungsmitteln entfernen kann.

Das wohl älteste Anwendungsverfahren ist der **Schnitt der Drohnenbrut**. Da die Drohnenbrut bevorzugt befallen wird und zudem die Drohnen bei der Verwendung von Mittelwänden nur im Baurahmen – einem ungedrahteten Rähmchen ohne Mittelwand – herangezogen werden kann, kann sie nach der Verdeckelung samt Milben entfernt werden. Konsequent durchgeführt kann damit das Varroa-Populationswachstum um den Faktor vier reduziert werden. Gibt man die ausgeschnittene Brut dann in den Tiefkühler und anschließend an Vogel- oder Igelaufzuchtstationen weiter, hält sich auch das schlechte Gewissen im Rahmen. Wer jedoch überwiegend auf Naturwabenbau setzt und keinen

Mobilbau nutzt, kann (und will vermutlich) diese Methode nicht einsetzen.

In Italien und teilweise auch in Österreich und der Schweiz ist das **Käfigen der Königin** ein schon seit über zehn Jahren praktiziertes Verfahren. Dazu wird die Königin einen Brutzyklus lang (etwa 22 Tage) in einen speziellen, großformatigen Käfig gesperrt, der direkt in eine Brutwabe eingebaut wird. Da die Arbeiterinnen durch die Gitter problemlos ein- und auswandern können, bleibt der Kontakt erhalten und die Königin wird nicht ausgetauscht, wie man das befürchten könnte.

Im Handel werden verschiedene Käfigmodelle angeboten. Während für die „Varroa Control Box" ein Loch in die Wabe geschnitten werden muss, braucht der „Scalvini-Käfig" weniger Platz und die Königin stiftet in die vorgeprägten Zellen auf seiner Rückseite. Da diese jedoch nicht tief genug für die Ent-

Hier wird eine Drohnenwabe entnommen, um die Drohnenbrut auszuschneiden und so die Varroa-Milbe zu bekämpfen.

VARROA-BEHANDLUNGSMITTEL

	Milchsäure	Ameisensäure
Wirksubstanz (Qualitätsstufe: ad. us. vet.)	15-prozentige Milchsäure	60-prozentige Ameisensäure
apothekenpflichtig	nein	nein
Eintrag in Bestandsbuch	nein	nein
Resistenzen	nein	nein
Anwendungsform	Lösung zum Sprühen	Verdunster, zum Beispiel Nassenheider
Wirkungsort	Bienen	Bienen, verdeckelte Brut
Rückstände	keine bekannt	keine bekannt
zu beachten	Durchnässung der Bienen vermeiden, Handschuhe, Schutzbrille, FFP2-Atemschutzmaske empfehlenswert	Gitterboden verschließen, Flugloch weit öffnen, keine Fütterung, bei 12–30 °C max., Handschuhe, Schutzbrille
Anwendungsaufwand	hoch	mäßig
Nachteile und Nebenwirkungen	hoher Zeitaufwand, da wabenweises Besprühen und mehrfache Anwendung erforderlich, Wirkung mäßig	Schäden an Brut und Königinnenverlust möglich, Wirkung wird bei hoher Luftfeuchte schlechter, Dosierung schwer zu kontrollieren, bei Langzeitanwendung Brutpause möglich

(IN DEUTSCHLAND ZUGELASSEN)

Thymovar, Apiguard	Apilife Var	MAQS	Apitraz	Bayvarol	Oxalsäure (Oxuvar)
Thymol	Thymol, ätherische Öle	Ameisensäure	Amitraz	Flumethrin	3,5-prozentige Oxalsäuredihydrat-Lösung
nein	ja	nein	verschreibungspflichtig	ja	ja
nein	ja	nein	ja	ja	ja
nein	nein	nein	ja, erste Resistenzen	ja, zunehmend	nein
Gel	Gel	Verdunsterstreifen (Zuckersubstrat)	Verdunsterstreifen	Verdunsterstreifen	zuckerhaltige Lösung zum Träufeln, auch als Sprühpräparat erhältlich
Bienen	Bienen	Bienen, verdeckelte Brut	Bienen	Bienen	Bienen
zeitlich begrenzte Anreicherung im Wachs	zeitlich begrenzte Anreicherung im Wachs	keine bekannt	Metabolite im Wachs nachweisbar	langfristige Anreicherung im Wachs	keine längerfristigen Rückstände
braucht lange um Wirkschwelle zu erreichen, daher kein Akuteinsatz, beste Wirkung bei 20–25 °C	braucht lange, um Wirkschwelle zu erreichen, beste Wirkung bei 20–25 °C	anzuwenden bei 10–29,5 °C, Handschuhe	siehe Beipackzettel	siehe Beipackzettel	einmalige Anwendung zur Winterbehandlung bei 3–5 °C, Handschuhe, Schutzbrille; anders formulierte Variante als Sprühpräparat erfordert FP2-Atemschutzmaske
gering	gering	gering	gering	gering	gering
starker Geruch, verzögerte Wirkung, Brutpause möglich	starker Geruch, Brutpause möglich	Königinnenverlust möglich, vergleichsweise teuer	teuer, aufwendiger Bezug	dauerhafte Anwendung fördert Resistenzen	verkürzt individuelle Lebenszeit der Bienen

Drohnenbrut frittiert

Eine interessante und für die innovationsfreudige Köchin attraktive Alternative ist der Verzehr der Drohnenbrut. Sie ist so eiweiß-, fett- und eisenhaltig wie Rindfleisch und daher im asiatischen Raum ein teures und geschätztes Gericht, das in Japan unter der Bezeichnung „Hachi-no-ko" („Kinder der Bienen") angeboten wird. Die Drohnenbrut wird erntefrisch tiefgefroren, noch gefroren gut geschüttelt und gedrückt, zerbrochen und anschließend in etwa 85 °C heißes Wasser gegeben, um Brut und Wachs zu trennen. Zudem werden so die ansonsten zarten Maden fester und stabiler. Die Larven werden über ein Dörr- oder Küchensieb vom Wachswasser getrennt und anschließend gründlich mit heißem Wasser nachgespült. Abgeschreckt mit kaltem Wasser kann die leicht süßlich schmeckende Brut dann in heißem Kokosfett knusprig frittiert und mit Sojasoße und Honig abgeschmeckt werden. Guten Appetit!

wicklung sind, werden die Zellen immer wieder ausgeräumt.

Während des Käfigens können Sie auch schon mit der Behandlung mit einem Thymolpräparat beginnen, das dann rechtzeitig zur Wiederaufnahme des Brutgeschehens seine höchste Wirksamkeit erreicht. Da der Käfig jedoch stets im Brutnestbereich und weit oben eingebaut wird, kann die Königin dem Wirkstoff nicht ausweichen und man sollte auch beim Einsatz des vergleichsweise milden Thymols darauf achten, dass die Königin weiterhin Besuch von ausreichend Pflegepersonal erhält.

Beide Käfige können am Ende der „Haft" frontal geöffnet werden, sodass das Brutgeschäft innerhalb von zwei Tagen wieder aufgenommen wird. Die erste Behandlung mit Milchsäure – im Originalprotokoll wird eine wässrige 3,5-prozentige Oxalsäurelösung verwendet – erfolgt am Tag der Entlassung durch beidseitiges Besprühen der Waben und bienenbesetzter Deckel und Innenwandungen. Bei dieser Gelegenheit können auch dunkle und nun brutfreie Waben durch Mittelwände ersetzt werden. Nach etwa fünf Tagen erfolgt noch vor der Verdeckelung die zweite Behandlung.

In vielen Versuchen hat sich gezeigt, dass die betreffenden Königinnen nicht vermehrt ausgetauscht werden. Sie scheinen auch ansonsten durch das Käfigen keinen Schaden zu erleiden. Tatsächlich sollen Bau- und Bruttrieb anschließend besonders stark ausgeprägt sein.

In Deutschland hat dieses lange Käfigen der Königin keine große Fangemeinde – vielen ist das Verfahren unheimlich. Der Wiedereinstieg in das Brutgeschäft könne Königinnen abträglich sein und manch ein Imker befürchtet, dass sich die Völker dann doch für ein spätes und riskantes Umweiseln entscheiden. Hierzulande hat sich daher ein anderes Konzept durchgesetzt, dessen größter Nachteil gegenüber dem Käfigen in dem größeren Materialaufwand liegt.

Tatsächlich sind es sogar zwei Konzepte, denen aber das gleiche Prinzip zugrunde liegt. Bei der **Totalen Brutentnahme** (TBE) wie beim **Teilen und Behandeln** (TUB) werden Brut (als Brutvolk/Brutling oder Brutscheune, falls die Brut aus mehreren Völkern stammt) und Königin (als Flugling) voneinander getrennt. Beide Verfahren basieren auf dem Mobilbau im Magazin. Die Unterschiede zwischen den beiden Ansätzen sind gering, aber die TBE eignet sich ein wenig besser für Magazine im Großraummaß (Dadant oder Deutsch Normal 1,5), während TUB auf einheitliche Rähmchenmaße (Zander, Lang-

Die an ihrer Markierung zu erkennende Königin ist aus dem Käfig entlassen worden und wieder von Arbeiterinnen umgeben.

stroth usw.) setzt. Für extensive Haltungssysteme sind diese Verfahren meist nicht oder nur sehr bedingt umsetzbar.

TBE können Sie theoretisch ohne Einbuße bei der Honigernte bereits zwei Wochen vor dem Ende der Blütentracht durchführen, wobei die Honigräume dann auf dem Flugling verbleiben. Da Sie allerdings vor der letzten Honigernte keine Varroa-Mittel einsetzen dürfen, können Sie den Flugling dann nicht behandeln. Allerdings ist das auch nicht unbedingt notwendig, denn die meisten Milben sitzen in der Brut und nicht auf den Bienen.

Um den Flugling noch besser zu entmilben, können Sie nach rund zehn Tagen die erste verdeckelte Brutwabe entnehmen, da sich die verbliebenen Milben dort konzentrieren werden. Manche Imker kombinieren das einfach mit dem **Bannwaben-Verfahren**, indem sie die Königin in eine rundum mit einem Königinnen-Absperrgitter versehene Wabe setzen. Dadurch stiftet die Königin zwangsläufig nur auf dieser einen Wabe, anstatt das Brutnest auf mehrere Waben auszudehnen. Die verdeckelte Brut kann so einfach entnommen werden. Der Fachhandel bietet spezielle Käfige in allen gängigen Formaten an.

Dem Volk werden alle Brutwaben entnommen, und es erhält dafür Mittelwände. Dabei muss die Königin ebenfalls in der alten Beute verbleiben – die Mühe des Zeichnens der Königin hat sich also spätestens jetzt ausgezahlt. Die Brutwaben werden – eventuell auch mit den Brutwaben anderer Völker zusammen – in eine neue Zarge gegeben. Die Flugbienen werden abfliegen und zum ursprünglichen Standort zurückkehren, der nun als Flugling ein neues Brutnest aufbauen muss. Dieses Volk kann nun umgehend behandelt werden, zum Beispiel mit Milchsäure.

Das Brutvolk hat dagegen mit mehreren Problemen zu kämpfen. Es verfügt über viel Brut, aber wenig erfahrenes Personal, und auch die Führungsposition ist vakant – das Volk muss erst eine neue Königin aufziehen. Doch selbst bei bester Pflege dauert es rund drei Wochen, bis die neue stiftet, und so steht Ihnen nahezu die gesamte Palette der Mittel zur Verfügung. Bei sehr stark parasitierten Völkern bietet sich die sofortig

VERGLEICH VERSCHIEDENER BEHANDLUNGSKONZEPTE GEGEN DIE VARROA-MILBE

	Käfigen der Königin	totale Brutentnahme	Teilen und Behandeln	Drohnenbrut-Entnahme
Zeitaufwand	hoch, Terminplanung erforderlich	mäßig bis hoch (bei Sprühverfahren)	mäßig bis hoch (bei Sprühverfahren)	gering
Durch-führungs-zeitpunkt und Wieder-holung	einmalig für 22 Tage nach der letzten Honigernte (August/September)	einmalig zwei Wochen vor der letzten Honigernte oder anschließend nach dem ersten Futterstoß; vor der Honigernte mit Bannwabe kombinierbar	einmalig nach der letzten Honigernte oder anschließend nach dem ersten Futterstoß	April bis Ende Juni im Rahmen der normalen Durchsichten
Vo(Voraussetzungen)	Finden der Königin	Platz für weitere Beuten oder Zwischenböden erforderlich, Mobilbau zwingend, Finden der Königin, besser bei geringer Brutwabenzahl (Großraummaß) geeignet	Platz für weitere Beuten oder Zwischenböden erforderlich, Mobilbau mit einheitlichem Brut- und Honigraummaß zwingend, Finden der Königin	ungedrahtete Baurahmen vorteilhaft, Brutwaben sollten durchgehend auf Mittelwänden errichtet sein (kein/kaum Naturbau)
Materialaufwand	Spezialkäfig erforderlich	Mittelwände, Rähmchen, Zargen, Zwischenböden oder Böden/Deckel erforderlich	Zwischenböden oder zusätzliche Böden/Deckel erforderlich	keiner
Wirkstoffe	Milchsäure nach Auslaufen der Brut (Originalprotokoll: Sprühen oder Träufeln mit Oxalsäure), alternativ Dauerbehandlung mit Thymol während des Käfigens	entnommene Brut mit Ameisensäure und/oder nach dem Auslaufen mit Milchsäure/Oxalsäure, Flugling mit Milchsäure (mindestens zweimal) oder Oxalsäure behandeln	Brutvolk mit Milchsäure oder Oxalsäure (Träufelungsverfahren im eingeengten Zustand) nach dem Auslaufen der Brut behandeln	keine
Nachteil	Brutlücke von etwa drei Wochen, erzwungene Legepause der Königin, Bienenmasse wird nicht genutzt	nahezu Verdoppelung der Völkerzahl, bei Zwischenböden muss zur Behandlung/Fütterung des Fluglings alles heruntergenommen werden	Verdoppelung der Völkerzahl; bei Zwischenböden muss zur Behandlung/Fütterung des Fluglings alles heruntergenommen werden, Honigräume werden zu Bruträumen	Verwertung der Drohnen, Reduktion Drohnenzahl auch bei guten Völkern, alleinige Anwendung in der Regel nicht ausreichend für die effektive Milbenreduktion
Vorteil	Bauerneuerung/Entnahme von Schwarten möglich	Bauerneuerung/Entnahme von Schwarten möglich, keine Unterbrechung der Legetätigkeit, Königinnenvermehrung, Nutzung der Arbeiterinnen	Bauerneuerung/Entnahme von Schwarten möglich, keine Unterbrechung der Legetätigkeit, Königinnenvermehrung, Nutzung der Arbeiterinnen	stimuliert Bautrieb und dämpft Schwarmtrieb, kann schon vor der Honigernte angewandt werden
Wirkung gegen Varroa	bei guter Wirkung der Säuren guter Behandlungserfolg	bei guter Wirkung der Säuren guter Behandlungserfolg	bei guter Wirkung der Säuren guter Behandlungserfolg	mäßig, allein nicht ausreichend

Behandlung mit Ameisensäure an, während Milch- oder Oxalsäure nach dem Auslaufen der Brut zur Verfügung stehen. Das Brutvolk lässt sich später im Jahr wieder problemlos vereinigen, sodass die Zahl an Völkern konstant bleibt.

TUB wird nach der Honigernte durchgeführt. Das Originalprotokoll geht davon aus, dass der Anwender dasselbe Rähmchenformat im Brut- und Honigraum nutzt (also zum Beispiel Zander, Langstroth oder Deutsch Normal). Dazu werden die Brutzargen verstellt und der bisherige Honigraum kommt auf den alten Boden. Die Königin wird in diesen Honigraum umgesetzt. Da bei diesem Ansatz praktisch nur die Flugbienen der Königin zufliegen, ist hier eher der Flugling vor Räuberei zu schützen und mit Futter zu versorgen. Analog zur TBE wird der Flugling mit Milchsäure entmilbt – im Originalproto-

> **Genug Futter**
>
> Beim Erstellen der Brutscheune oder des Brutvolks sollten Sie auf ausreichenden Futtervorrat achten und gegebenenfalls füttern. Da nach Trachtende oft Räuberei durch nun arbeitslos gewordene Sammlerinnen der Nachbarvölker ausgeübt wird, sollten Sie das Flugloch klein halten, bis ausreichend Bienen geschlüpft sind, um das Flugloch zu verteidigen.

koll wird dazu Oxalsäurelösung in die dicht besetzten Wabengassen geträufelt. Das Brutvolk kann wie bei der TBE mit Milch- oder Oxalsäure behandelt werden.

Bienen füttern und Räuberei verhindern

Bienen versorgen sich in der Regel selbst – sofern es eine vielfältige Blütentracht mit Pollen und Nektar gibt, das Wetter warm und trocken genug für den Sammelflug ist und man ihnen die Vorräte nicht wegnimmt. Daher ist eine Fütterung vor dem Ende der Blütentracht (meist Anfang bis Mitte Juli) in der Regel nur dann erforderlich, wenn es sich zum Beispiel um sehr kleine Völker oder Schwärme handelt, die ohne Reserven Schlechtwetterphasen überstehen müssen.

An Durchfallerkrankungen wie Nosema oder Ruhr erkrankte Völker genesen eher, wenn Sie sie mit stockwarm temperiertem Flüssigfutter füttern. Kleine Völker, die in ungünstigen Quartieren wie zum Beispiel Schaukästen besonders viel Heizleistung erbringen müssen

und kaum Vorräte anlegen können, sollten ebenfalls Futtergaben erhalten.

Zur Fütterung empfehlen sich Bienenfutterteig, Pollenfutterteig oder Zuckerwasser. Zuckerwasser besteht aus Haushaltszucker und stockwarmem Trinkwasser im Verhältnis von 1:1 (oder 3:2, wenn die Bienen zum Beispiel auch noch Wabenbau betreiben sollen). An Honig sollte – wenn überhaupt – nur der von den eigenen Bienen produzierte zum Einsatz kommen. Importhonige sind sehr häufig mit Erregern der Amerikanischen Faulbrut kontaminiert!

Futterteig (den man aus Puderzucker und etwas Wasser gut selber herstellen kann) lässt sich oft ohne aufwendige Futtergeschirre füttern, doch die Bienen brauchen

Zur Fütterung kann fertiger Futtersirup oder mit Haushaltszucker angerührtes Zuckerwasser verwendet werden.

stets ausreichend Wasser, um ihn verwerten zu können. Eine mit Futterteig versuchte Notfütterung im Winter scheitert oft daran, dass die Bienen nicht genug Wasser sammeln können!

In dem Zeitfenster guter Tracht wird man in der Regel kaum Futterneid erleben – das endet jedoch spätestens mit Ende der letzten großen Massentracht. Dann besitzt ein Volk oft große Mengen arbeitslos gewordener Sammlerinnen, die sich nun den Vorräten anderer Völker zuwenden. Das tun leider gerade die größten und vitalsten Völker besonders gern, und zwar oft unabhängig von den noch vorhandenen Vorräten. Es genügt ein einziger Patzer wie etwas verkleckerter Honig oder eine bei der Durchsicht aufgerissene Honigwabe und die Spürbienen alarmieren ihre Geschwister. Dann fallen die Starken über die Schwachen her und so mancher spät gebildete Ableger ist plötzlich regelrecht verschwunden.

Übung 8

> Füttern Sie zum richtigen Zeitpunkt – nur in Ausnahmefällen vor dem Trachtschluss, aber dafür umgehend nach dem sommerlichen Abernten! Das Einfüttern für den Winter sollte bis Mitte September weitgehend abgeschlossen sein, da es manchmal schon im Oktober recht frisch werden kann und die Bienen dann nicht mehr gern in das Futtergeschirr steigen. Beachten Sie, dass manche Varroa-Behandlungen nicht parallel zum Einfüttern möglich sind (etwa das Verdampfen von Ameisensäure).
> Verwenden Sie saubere, nicht tropfende oder leckende Futtergeschirre, die zu Ihrem Haltungssystem passen und die vor dem Zugriff anderer Bienen (am besten auch dem von Ameisen und Wespen) geschützt sind.
> Füttern Sie angemessen – eine zu großzügige Futtergabe kann das Brutnest stark einschnüren, weil die Bienen jede freie Zelle nutzen. Eine zu geringe Gabe kann dagegen zu winterlicher Not führen. Es lohnt sich, lokal nach Gleichgesinnten zu suchen, die schon länger mit dem gleichen Haltungssystem imkern und Ihnen einen Richtwert nennen können. In den gut isolierten Segeberger Beuten genügen an einem warmen, städtischen Standort 14 Kilogramm Bienenfuttersirup. Das mag jedoch in einer eher kühleren Holzbeute an einem Gebirgsstand nicht ausreichen!
> Füttern Sie das Richtige – fertiger Bienenfuttersirup mit detaillierter Inhaltsangabe oder angerührte Zuckerlösung aus Haushaltszucker sind der Mindeststandard. Noch einfacher (und aus der Sicht mancher Imkerinnen auch qualitativ besser) ist der eigene Honig: Wer weniger entnimmt, kann seine Bienen auf eigenem Honig überwintern lassen. 14 bis 20 Kilogramm Honig genügen in der Regel für die sichere

Überwinterung.

> In seltenen Fällen können spät eingetragener Blatthonig oder sogenannter Melezitose-Honig für die Überwinterung unverträglich sein – auch hier hilft ein guter, regionaler Kontakt zu den Nachbarimkern, um den problematischen Honig entnehmen und gegen Futtersirup eintauschen zu können. Ungeeignet sind jedoch Zuckersirupvarianten für Lebensmittelbetriebe, da sie oft stark erwärmt worden sind und nun das für Bienen giftige Hydroxymethylfurfural (HMF) enthalten.

> Füttern Sie räubereisicher – sauber, kleckerfrei und am besten immer alle Völker am Stand gleichzeitig. Dadurch sind alle Völker gleichermaßen beschäftigt und kommen nicht auf dumme Gedanken. Das Füttern am Abend ermöglicht das Leeren der Geschirre über Nacht. Wischen Sie jede kleinste Kleckerei umgehend mit reichlich Wasser ab und füttern Sie gerade Zuckerwasser in kleineren Portionen, da es schnell von Pilzen und anderen Konsumenten besiedelt wird. Kleinere Völker oder Ableger nehmen Ihnen auch das vorbeugende Einengen des Fluglochs nicht übel, denn das können sie besser verteidigen.

> Achten Sie auf Räuberei und unterbinden Sie sie – die Anzeichen sind nicht immer eindeutig, doch Kämpfe am Flugloch und ungewöhnlich starker Flugverkehr bei einem kleinen Volk sind schon recht sichere Anzeichen. Hebt man den Deckel eines bestohlenen Volks, so fliegen die Räuber oft senkrecht und pfeilschnell heraus. Das Einengen des Fluglochs genügt dann manchmal nicht mehr – ein Verstellen der Beute am Abend ist eine Lösung. Manchmal helfen auch schon ein Verdrehen der Beute oder ein neues Flugloch an anderer Stelle. Wenn die Beute einen offenen Gitterboden hat, ist auch ein stundenweises komplettes Verschließen des Fluglochs eine Option,

damit sich die Verteidigung neu organisieren kann. Dann sollten Sie aber auch kurz den Deckel heben, damit die Räuber davonfliegen können. Am nächsten Morgen wird dann ein nur winziges Flugloch (bevorzugt in anderer Ausrichtung) freigegeben.

> Übersteht ein Volk die Räuberei nicht, so ist das auch ein Hinweis, dass das Volk einfach zu klein war. Manchmal war auch die Königin nicht vital genug oder es gab eine zu lange Brutpause – oft fallen solche Völkchen im Herbst auch der Räuberei durch die noch spät fliegenden Deutschen oder Gemeinen Wespen zum Opfer. Da sollte man sich nicht ärgern, sondern es das nächste Mal einfach besser machen und für rechtzeitig große und vitale Völker sorgen.

> Denken Sie an die Pollenversorgung – in den letzten Jahren sind viele Publikationen erschienen, die zeigen, dass Bienen möglichst vielfältigen Pollen brauchen. Leider ist so eine Vielfalt gerade im ländlichen Raum nicht mehr selbstverständlich. Riesige Rapsschläge ohne jede „wilde Ecke" bieten nicht nur Einheitskost, sondern oft noch mit Spritzmitteln verschiedenster Art belastete Pollenquellen an (siehe auch „Pollen ernten"). Ziehen Sie daher durchaus mal einen Standortwechsel in Betracht und gestalten Sie aktiv Garten und Umgebung bienengerecht. Engagieren Sie sich bei Initiativen, die die lokale Blütentracht fördern – sei es durch Blühstreifenprogramme oder Vorsprache bei großen Flächeneignern wie Landwirten, der Deutschen Bahn, Kirchen und Kommunen.

Putzen und Reinigen

Auch wenn es ein Klischee bedient, wenn man in einem Buch für Frauen über das Putzen schreibt – tatsächlich wird diesem Aspekt in vielen Büchern kaum die gebührende Aufmerksamkeit geschenkt. Dabei nimmt diese Tätigkeit erstaunlich viel Platz im Imkerleben ein, und so manche bisher imkerlich wenig involvierte Ehefrau wäre wahrscheinlich überrascht, wie viele Talente die bessere Hälfte da im Schleuderraum, Honigkeller oder am Bienenstand entfalten kann.

Dabei benötigen Sie im Normalbetrieb fast nur den Stockmeißel, der zum Abkratzen von Wachsbrücken, dem winterlichen Toten-

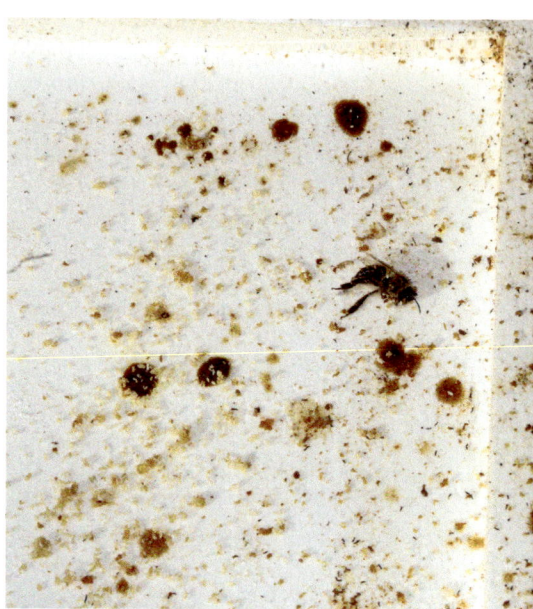

Kotspuren auf dem Bodenschieber können auf eine Durchfallerkrankung hindeuten.

Desinfektion von Zubehör

Während die Erreger vieler Durchfallerkrankungen durch einfaches Verdampfen von Essigsäure in einem Zargenturm abgetötet werden können, funktioniert das bei der Amerikanische Faulbrut (AFB) nicht, denn ihre Sporen sterben erst im kochenden Natronlaugenbad ab. Das Kochen ist nicht gerade ungefährlich, und Sie benötigen spezielle Ausstattung, die aber oft in Imkervereinen vorhanden ist. Während Holz durch diese Behandlung ausgelaugt wird und vergraut, werden die Segeberger Kunststoffbeuten schon sehr in Mitleidenschaft gezogen und fangen schnell an, kleine Kunststoffperlen fallen zu lassen. Auch verzinkte Metalle wie Absperrgitter und Rähmchendraht und emaillierte Gefäße verlieren ihre Schutzschicht in der heißen Natronlauge. Daher sollten solche Verfahren auf den Ernstfall beschränkt bleiben. Es lohnt sich aber, das Verfahren im Verein als Übung anzubieten! Dann verliert die AFB ihren Schrecken.

fall vom Bodengitter oder von Kittharz von Falzen und Deckeln verwendet wird. Stirbt ein Volk jedoch im Winter, so hinterlässt das manchmal hartnäckigere Spuren. Durchfallerkrankungen wie Ruhr oder Nosema führen zu dunklen Kotflecken auf den Oberträgern und auf den Innenwänden. Im Winter kann es an Randwaben zu Schimmelbildung kommen und wer zum ersten Mal erleben musste, wie Wachsmotten im Wabenlager wüten können, ist manchmal kurz davor, das Hobby wieder an den Haken zu hängen. Doch wer Windeln wechseln kann, kommt auch durch diese Prüfung – Handschuhe an und ran an den Feind!

Holzbeuten können recht einfach durch Abkratzen und anschließendes Abflämmen mit einer gasbetriebenen Lötlampe desinfi-

ziert werden. Es genügt eine leichte Braun-
färbung des Holzes als Garant, dass dort kein
Krankheitserreger überlebt hat. Kunststoffbeuten wie die Segeberger Beute überstehen
das jedoch nicht unbeschadet – hier muss
mit Spül- oder Autowaschbürsten geschrubbt
werden. Einfaches Wasser hilft allerdings
nicht gegen Schimmel und Kotspuren. Ein
möglichst parfüm- und tensidfreier Reiniger
auf Hypochlorit-Basis (zum Beispiel DanKlo-
rix) ist gut geeignet (Schutzbrille und Handschuhe sind Pflicht; Entsorgungshinweise
beachten!) und entfernt nach kurzer Einwirk-
zeit alle Kotspuren. Gründliches Abspülen
und Trocknen schließt die Reinigung ab – ins-

besondere Holzteile müssen lange und luftig
austrocknen, damit sich keine Stockflecken
bilden. Eine andere, oft erprobte Alternative
ist die Verwendung heißer sechsprozenti-
ger Sodalauge (Natriumcarbonat), die für alle
Materialien außer Aluminium geeignet ist.

In schlimmen Fällen ist das Lagerfeuer die
bessere Entscheidung, denn manche Rähmchen verziehen sich durch die Prozedur. Auch
so manche Basteleien wie die auf Natron-
laugenbetrieb umgerüstete Geschirrspülma-
schine als Rähmchenwaschanlage brauchen
Sie nicht – lassen Sie lieber Ihre Lieben den
Geschirrspüler einräumen und gehen Sie der-
weil imkern!

Fortgeschrittenenrezepte

Nach der Pflicht kommt die Kür – folgende
Übungen müssen Sie nicht gleich zu Beginn
Ihrer Imkerinnenausbildung beherrschen aber
wenn die Grundlagen erstmal sitzen, sollten
Sie sich mit den Aspekten imkerlicher Tätig-
keiten beschäftigen.

Übung 9 : Erzeugen Sie einen Kunstschwarm.
Übung 10 : Ernten Sie Pollen.
Übung 11 : Ernten Sie Wachs.
Übung 12 : Ernten Sie Propolis.
Übung 13 : Tauschen Sie die Königin aus.
Übung 14 : Lösen Sie ein Volk auf oder ver-
einigen Sie es.

EINEN KUNSTSCHWARM ERZEUGEN

Der Kunstschwarm ist eine wichtige Methode,
sozusagen das „Schweizer Taschenmesser"
in der Imkerei, mit dem sich sehr viele Probleme lösen lassen. Im Prinzip geht es um die
Trennung von Königin und Bienen und ihrer

Brut. Die Technik ermöglicht den Umzug der
Bienen in ein neues, zum vorherigen System
inkompatibles Beutensystem, die Heilung
von erkrankten Bienenvölkern oder den einfachen und schnellen Tausch von Königinnen. In der Schwarmzeit dient das Verfahren
als sogenannte Schwarmvorwegnahme dazu,
den natürlichen Schwarmabgang zu simulie-
ren und so die alte Königin mit einem Teil der
Arbeiterinnen zu sichern, ehe sie sich selbst
auf den Weg macht.

Übung 9

> Um einen Kunstschwarm zu erzeugen, soll-
ten Sie zunächst auf das Flugloch ordentlich Rauch geben. Sofern Ihr Beutensystem
abnehmbare Honigräume besitzt, sollten Sie diese vorher abnehmen, damit der
Honig durch den Rauch nicht beeinträchtigt
wird. Warten Sie dann zwei Minuten, damit
sich die Bienen auch ordentlich mit Honig

volltanken können. Ein Naturschwarm hat so viel Honig an Bord, dass er drei Tage ohne Versorgung auskommt.

> Für einen Kunstschwarm benötigen Sie eine Königin und Bienen – sie müssen nicht unbedingt aus ein und demselben Volk stammen. Zur Not tut es sogar eine unverpaarte Königin. Die (gezeichnete!) Königin sollte sich zusammen mit einigen ihrer eigenen Arbeiterinnen in einem Zusetzkäfig mit freigegebenem Futterteigverschluss befinden. Alternativ bietet sich auch der Abfangkäfig an. Durch dessen Stäbe können die Arbeiterinnen ein- und ausgehen, aber nicht die Königin. Die so fixierte Königin wird in einen Eimer oder eine Schwarmfangkiste gehängt – am besten nahe der Wandung.

> Die Arbeiterinnen werden wabenweise aus ihrem Volk in einen Eimer oder eine Schwarmfangkiste abgestoßen oder abgefegt, wobei ein Aufsetztrichter vorteilhaft ist. Dabei fliegen vor allem die alten Sammlerinnen auf. Die große Masse der Bienen wird sich dagegen zusammenballen und an den Wänden hochsteigen. Stoßen sie dabei auf die Königin, so fangen sie heftig an zu sterzeln und verbreiten den Duft der Königin sowie den zitronig riechenden Schwarmlockstoff, sodass sich mehr und mehr Arbeiterinnen um diesen Käfig sammeln und eine Traube bilden.

> Etwa anderthalb bis zwei Kilogramm Bienenmasse sind je nach Jahreszeit ausreichend für den Kunstschwarm. Die Schwarmtraube wird in einem gut belüfteten Behältnis (Schwarmfangkasten mit Gitterfenstern, Metallgitterpapierkörbe oder Seerosenpflanzkörbe mit Brett als Deckel) mindestens ein bis zwei Nächte kühl und dunkel gelagert. Dabei sollten die Bienen mit Futterteig versorgt und mit etwas Wasser angesprüht werden, denn im Gegensatz zum Naturschwarm haben sich diese Bie-

nen nicht auf den Schwarmakt vorbereiten können.

> Zum Einlogieren des Kunstschwarms in seine neue Behausung lässt man ihn wie einen Naturschwarm am besten über das Flugloch einlaufen. Dazu wird zum Beispiel ein Tuch oder ein Brett mit seitlich hochgezogenen Seiten leicht ansteigend vom Boden zum Flugloch geführt. Der Schwarm wird einfach auf den unteren Teil dieser Rampe gestoßen. Die Bienen fangen dann nach kürzester Zeit an, der Rampe nach oben zu folgen. Die inzwischen von den Bienen aus dem Käfig frei gefressene Königin folgt dieser Bewegung. Verschwindet sie in der neuen Behausung, so folgt der Rest des Schwarms umso schneller. Durch dieses Verfahren bleibt von den Bienen während der Kellerhaft abgeputzter Unrat vor der Tür.

> Ein Kunstschwarm sollte zu Beginn gefüttert werden. Beim Naturschwarm ist das nur bei schlechter Witterung oder ausbleibender Tracht wirklich erforderlich. Wurde eine bereits stiftende Königin für den Kunstschwarm verwendet, so wird sie umgehend das Brutgeschäft aufnehmen. Nur ein kurzes Zeitfenster besteht zum Behandeln mit Milch- oder Oxalsäure – etwa eine Woche nach dem Einlaufen des Schwarms wird die erste Brut verdeckelt, und bis dahin sollte man diese auf Brutfreiheit angewiesene Milbenbekämpfung erledigt haben. Das gilt allerdings nur dann, wenn von dem Schwarm im selben Jahr kein Honig mehr zum Verzehr geerntet wird.

POLLEN ERNTEN

Der Pollen ist eine hochwertige Eiweißquelle. Mit etwa 35 Prozent Eiweißgehalt ist er mit Soja vergleichbar, aber ungleich wertvoller – alle essenziellen Aminosäuren, ungesättigten

Der Kunstschwarm befindet sich noch im Schwarmfangkasten.

Der am Deckel des Kastens hängende Schwarm wird auf ein vor der Beute liegendes Brett abgestoßen und läuft nun über das Flugloch ein.

Fettsäuren und hohe Gehalte an Provitamin A, B2 und C machen Pollen zu einer interessanten Alternative zu dem ökologisch oft zweifelhaft erzeugten Soja aus Südamerika.

Allerdings ist eine zwingende Voraussetzung, dass der Pollen aus einer vielfältigen, pestizid- und verkehrsarmen Landschaft stammt, denn Untersuchungen zeigen, dass gerade Pollen besonders häufig und mit einer Vielzahl verschiedener Pestizide, Schwermetallen und polyzyklischen aromatischen Kohlenwasserstoffen (PAK) belastet ist. Wer jedoch seine Bienen nicht gerade in einer landwirtschaftlich intensiv genutzten Raps- oder Obstkultur, an vielbefahrener Straße oder in feinstaubbelastetem Stadtzentrum hält, kann und sollte Pollen zumindest für den Eigenbedarf ernten.

Übung 10

> Installieren Sie die Pollenfalle vor Beginn des Bienenflugs passgenau vor dem Flugloch der Beute. Ideal sind sonnige Tage im Frühjahr, wenn das Volk bereits Zeit hatte, die winterlich geschrumpften Pollenvor-

Arbeiterin mit Pollenhöschen.

räte aufzufüllen. Manche Fallen werden auch in die Böden eingeschoben oder eingebaut.

> Die Pollenfalle bewirkt, dass die zurückkehrenden Bienen durch Öffnungen kriechen müssen, die die am letzten Beinpaar gesammelten Pollenhöschen abstreifen und in einer Schublade sammeln. Spätestens am Abend nach Ende des Flugverkehrs muss die Schublade geleert werden, denn der feuchte Pollen schimmelt sehr schnell.

> Klassisch wird der Pollen anschließend durch Trocknung konserviert. Allerdings verliert er dadurch sehr an Wert. Empfehlenswerter ist das unmittelbare Einfrieren in einer Schraubdeckeldose, sodass er löffelweise entnommen werden kann. Pollen kann auch mit Honig vermischt genossen werden. Allerdings kann seine Beiladung aus Wasser und Hefen die Gärung fördern. Daher sollten solche Mischungen kühl gelagert und schnell verzehrt werden.

> Pollenfallen sollten nur wenige Tage im Einsatz sein, da der ständige Stau am Flugloch und der ausbleibende Polleneintrag die Stimmung im Volk schnell verschlechtert. Zudem wird der Pollen auch selbst benötigt. Im Herbst sollte man auf die Pollensammlung verzichten, damit ausreichende Frühjahrsreserven für die pollenarme Zeit angelegt werden können.

WACHS ERNTEN

Viele Imker machen sich kaum Gedanken über ihr Mittelwandwachs. Die Gefahr einer Belastung des Honigs über das Wachs ist eher als gering einzuschätzen, da es fettlösliche Verunreinigungen an sich bindet. Doch wenn man aus Angst vor Weichmachern nur zu mit Naturöl behandelten Holzbeuten greift und sich dabei über den Pestizid-Einsatz in der Landwirtschaft ereifert, kann und darf man vor diesem Punkt nicht die Augen verschließen.

Wie sich gerade am Beispiel der Pestizide zeigt, können winzige, sublethale (nicht tödliche) Dosierungen messbare Veränderungen verursachen. Studien zeigen, dass solche Belastungen dazu führen können, dass Bienen empfindlicher auf Krankheiten reagieren und eher erkranken.

Mittelwände sind das „Fast Food" in der Imkerei. Mit keinem Hilfsmittel bekommt man so schnell einen perfekten Wabenbau hin. Alle Zellen entstehen im standardisierten Format – inzwischen sogar wahlweise mit Zelldurchmessern zwischen 4,9 und 5,4 Millimetern – vollflächig passgenau für das gewählte Rähmchenformat und ganz ohne störenden Drohnenbau.

Doch in den letzten Jahren haben mehrere Skandale um gepanschtes, gestrecktes Wachs die Imker verunsichert. Nach einer 2015 im „Journal of Apicultural Science" erschienenen Studie waren nur sechs von 56 aus neun europäischen Ländern stammenden Mittelwandwachsproben reines Bienenwachs. Alle anderen enthielten bis zu 20 Prozent des Erdölprodukts Paraffin, einige sogar über 46 Prozent.

Das Strecken von Wachs muss nicht einmal böse Absicht des Wachsumarbeiters sein. Durch den Ankauf von alten Waben zirkuliert einmal über eine gestreckte Charge eingebrachtes Paraffin unter den Imkern und reichert sich weiter an. Offenbar führt es auch erst in höheren Konzentrationen zu wahrnehmbaren Problemen.

Vor wenigen Jahren erschienen in den einschlägigen Bienenzeitungen traurige Bilder von Brutwaben voller schlüpfender Bienen, die sich nicht aus den Brutzellen befreien konnten und darin starben. In anderen Fällen wurde vom Kollabieren der Waben berichtet, bei denen offenbar schon geringe Erwärmungen genügten, um unvermittelt abzurei-

ßen und Bienen, Brut und Honig unter sich zu begraben. 2016 wurden Fälle bekannt, in denen viele Imker über „schrotschussartig" lückenhafte Brutnester auf offenbar mit Erdölprodukten verfälschten Mittelwänden klagten. Manche dieser auffälligen Mittelwandchargen bestanden fast vollständig aus Paraffin, ohne jeden Bienenwachs-Anteil.

In geringen Mengen fallen die Zuschläge offenbar nicht störend auf. Der Käufer kann sie nicht sicher an Geruch und Verarbeitung erkennen. Da es zudem kein gesetzliches Regelwerk gibt, das reines Bienenwachs in Mittelwänden vorschreibt und in der Kerzenwachsindustrie selbst bei „100-prozentig reinem Bienenwachs" noch rund vier Prozent Paraffinbeimischung gestattet, ist ein „Grundrauschen" an Verunreinigungen vermutlich schon lange eher die Regel als die Ausnahme.

Findige Lieferanten haben vor diesem Hintergrund neue Bezugsquellen von möglichst reinem Bienenwachs aufgetan. Unverfälschtes Bienenwachs von wilden Bienenvölkern aus Afrika ist in den letzten Jahren trotz der weitaus höheren Preise ein Verkaufsschlager geworden. Die wenigen Händler bewerben dieses Wachs kaum, da die Nachfrage bereits kaum zu befriedigen ist. Inzwischen sind jedoch auch schon mit Erdölprodukten gestreckte afrikanische Wachssorten auf dem Markt, sodass Sie auch hier vorsichtig sein sollten.

So ist das wahre Gold aus dem Bienenstock also eher das Bienenwachs, denn einer jährlichen Honigproduktion von mehr als 30 Kilogramm pro Volk steht nur eine Wachsproduktion von rund 300 Gramm gegenüber.

Vor diesem Hintergrund und dem persönlichen Anspruch einer nachhaltigen Imkerei sollten Sie sich gerade zu Beginn der Imkerei um ein gutes Startkapital bemühen. „Reduce – reuse – recycle" sagen die Amerikaner, also „reduzieren – wieder verwenden – verwerten". Das sollten Sie auch beim Einsatz von Mittelwänden beherzigen. Es gibt verschiedene Möglichkeiten, den Verbrauch an Mittelwänden zu reduzieren und den natürlichen Bautrieb der Bienen zu nutzen. Insbesondere bei der Verwendung niedriger Rähmchen im Honigraum besteht keine Notwendigkeit, dort Mittelwände einzusetzen. Gedrahtete Naturbauwaben werden in der Regel so errichtet, dass sie rund um anderes Rähmchen-Holz anschließen und damit ausreichend stabil für die Schleuder sind.

Leider gibt es nur sehr wenige Hersteller, die ihre Mittelwände mit einer Chargennummer und einem zugehörigen Wachsanalysezertifikat verkaufen. Der Hinweis, nur bei einem „vertrauenswürdigen" Hersteller zu kaufen, ist wenig hilfreich, wenn dieser selbst getäuscht wird und dies nicht durch regelmäßige Kontrolluntersuchungen feststellen kann.

Dies ist der Moment, wo ein Imkerverein seine Stärken ausspielen sollte. Durch die gesammelte Einkaufskraft kann er nicht nur günstige Sammelbestellungen, sondern auch Kontrolluntersuchungen ermöglichen. Auch der Aufbau einer vereinseigenen Wachswerkstatt, in der die für die Herstellung von Mittelwänden aus eigenem Wachs erforderlichen Geräte stehen, ist ein gutes Vereinsziel. Es erfordert aber auch einen entsprechend großen und finanzstarken Verein. Fragen Sie gezielt danach, wenn Sie an einer Vereinsmitgliedschaft interessiert sind. In manchen Vereinen organisieren auch erfahrene Umarbeiter gegen einen kleinen Obolus das Aufbereiten kleinerer Wachsmengen, wie sie im Hobbybereich anfallen.

Solchermaßen gewonnene Mittelwände sind im Vergleich zur Massenware teuer und unwirtschaftlich, praktisch jedoch unbezahlbar. Sparen Sie daher beim Einstieg in die Imkerei nicht an dieser Stelle!

Übung 11

> Das weiße Entdeckelungswachs und unerwünschter und ausgeschnittener Wildbau können das Jahr über in bienen- und luftdicht schließenden Kunststoffeimern (zum Beispiel aus der Großküchengastronomie) gesammelt werden. Der dichte Verschluss verhindert Räuberei oder Gärung des enthaltenen Honigs. Bebrütete, dunkle Waben sind für das Recycling ebenso geeignet, jedoch in der Aufarbeitung und Reinigung etwas aufwendiger. Keinesfalls sollte sich jedoch noch Brut in den Waben befinden. Das Wachs kann so entspannt außerhalb der Bienensaison aufgearbeitet werden.

> Schmelzen Sie das Wachs zum Beispiel in einem dicht schließenden Gefäß mithilfe von eingeleitetem heißen Dampf oder in heißem Wasser. Wichtig ist dabei, dass grundsätzlich nur weiches, entkalktes Wasser (Regenwasser oder entmineralisiertes Wasser) direkten Kontakt mit dem Wachs bekommt, da ansonsten eine Verseifung stattfindet.

> Zum Einschmelzen sind Kunststoff-, Emaille- oder Edelstahlgefäße wie zum Beispiel ausrangierte Töpfe oder Futtereimer geeignet, nicht jedoch Aluminiumgefäße. In das Gefäß geben Sie das zerstückelte Wachs mit etwas Wasser und erwärmen es. Das Bienenwachs schmilzt bei rund 60 °C und schwimmt in der Schmelze als Schicht auf der wässrigen Schicht aus Honig, Pollen und Wasser.

> Filtern Sie die groben Verunreinigungen wie Larvenhäutchen aus. Dazu eignen sich aussortierte Strümpfe oder Strumpfhosen aus Nylon. Der Filter wird über einen leicht konisch zulaufenden Kunststoffeimer gespannt, der am besten zum Auffangen von Wachsspritzern in eine Mörtelwanne gestellt wird. Das aufgeschmolzene Wachs geben Sie einschließlich der wässrigen Schicht vorsichtig durch dieses feine Netz.

> Lassen Sie das Wachs möglichst langsam abkühlen. Hier tut ein altes Daunenbett gute Dienste, mit dem der abgedeckte Eimer gut und rundum eingepackt wird.
> Reinigen Sie mechanisch nach. Nach ein paar Tagen ist das Wachs erstarrt und sollte einen kompakten Wachskuchen gebildet haben. Sie können ihn zum Beispiel über der Mörtelwanne gut herauslösen, da sich der Eimer leicht verbiegen lässt. Die Unterseite des Wachskuchens wird anschließend mit einem Stockmeißel abgekratzt.
> Wiederholen Sie die Reinigung (Aufschmelzen mit Wasser und langsames Abkühlen). Für die spätere Verwendung bietet es sich an, das gereinigte Wachs anschließend erneut zu verflüssigen und in leere, saubere und weit aufgeschnittene Getränkekartons zu gießen. Diese passen auch beim Kunden in haushaltsübliche Töpfe.
> Wachsblöcke lassen sich so gut wie unbegrenzt lagern und entwickeln dann einen weißen Belag. Wachs sollte dem Zeit- und Energieaufwand entsprechend teuer verkauft oder am besten zum Gießen eigener Mittelwände verwendet werden. Neben dem Verkauf als Rohwachs bietet sich das Veredeln zu Kerzen an.

Solche Wachsblöcke sind gut lagerbar und wiegen mehrere Kilogramm

WACHS VEREDELN

Ein zweifach geklärtes Bienenwachs kann für Kerzen verwendet werden, die entweder durch wiederholtes Ziehen des Dochts aus einem Wachsbad, Gießen in Silikonformen oder durch Kneten hergestellt werden können. Am einfachsten ist das Gießen von Teelichtern. Die Alubecherchen und die Dochte gibt es im Imkereifachhandel. Im Gegensatz zu „richtigen" Kerzen brennen Teelichter oft auch beim ersten Versuch problemlos und vollständig ab. Für die Imkerin ist vielleicht die eigene Kosmetik aus reinen Naturprodukten besonders interessant. Zum Herstellen von Seifen benötigen Sie etwas Übung, doch Cremes und Lippenstifte sind recht einfach herzustellen. Für einen einfachen Lippenbalsam benötigen Sie vier Teile gutes Öl (zum Beispiel Olivenöl, Jojobaöl, Mandelöl), einen Teil Bienenwachs und einen Teil Kakao- oder Sheabutter. Das Öl erwärmen Sie auf maximal 70 °C, schmelzen Butter und Wachs darin und vermischen alles. Geben Sie ein paar Tropfen Propolislösung hinzu und portionieren die Masse in Cremetiegeln oder Lippenstifthülsen. Dann kann die Mischung im Kühlschrank erstarren. Wenn Sie es cremiger mögen, können Sie bis zu sechs Teile Öl hinzugeben. Diese Produkte sollten Sie nur bedarfsgerecht fertigen und bis zur Verwendung im Kühlschrank lagern.

PROPOLIS ERNTEN

Propolis ist ein weiterer, oft nur wenig bekannter Schatz des Bienenvolks, der sich vergleichsweise einfach ernten lässt. Es handelt sich um pflanzliche Harze und Öle, die von Baumwunden, aber auch von Knospen abgenagt werden. Mit Wachsen und Bienenspeichel vermischt verwenden die Bienen die Substanz zur Abdichtung und Desinfektion im Bienenstock. Vor allem Pappeln dienen den Bienen dabei als Sammelrevier. Die am hinteren Beinpaar gesammelten Harze müssen den Sammlerinnen regelrecht abgenagt werden, da sie sie selbst nicht einfach abstreifen können.

Propolis wird nicht wie Pollen und Nektar gelagert, sondern umgehend als Spachtel in Ritzen und Spalten deponiert. Auch das Wabenwerk wird mit dünnen Auflagerungen versiegelt. Propolis hat antibakterielle Eigen-

schaften, sodass es in Zahnpasten, Mundspülungen und Salben verwendet wird. Die Gewinnung ist nicht schwer, aber aufwendig.

Denken Sie daran, dass es sich bei Propolis um eine Substanz handelt, in die leicht fettlösliche Verunreinigungen einwandern können. Dazu gehören Öle aus Beutenfarben oder -ölen, Weichmacher und andere Verunreinigungen. Daher sollten Sie darauf verzichten, einfach nur Abdeckfolien und Rähmchen mit dem Stockmeißel abzukratzen und das so erhaltende Gemisch aus Propolis und dem einen oder anderen Holz- oder Plastikspan zu verarbeiten.

Übung 12

> Legen Sie geeignete Sammeleinrichtungen auf die Oberträger der oberen Zarge auf. Geeignet sind Propolisgitter, die einfach auf die Oberträger gelegt werden und deren Öffnungen von den Bienen dann verschlossen werden. Noch besser sind Netze aus der Käserei geeignet, da sie feiner und faltbar sind und vor allem aus lebensmitteltauglichem Kunststoff bestehen. Ungeeignet sind hingegen Mückenschutzgitter und andere, oft recycelte Plastiknetze.

> Die Gitter werden am besten im Spätsommer eingelegt, da dann die Neigung der Bienen zum Abdichten am größten ist. Manche Imker empfehlen, für einen leichten Durchzug zu sorgen. So können Sie den Deckel über dem Gitter mit einem kleinen in den Falz geschobenen Steinchen anheben. Die Bienen werden einen störenden Luftzug mithilfe von Propolis schnell unterbinden wollen. Während der Propolis-Sammlung sollten Sie keine Varroa-Behandlung mit Säuren, Thymol oder anderen Medikamenten vornehmen.

> Trennen Sie Propolis und Sammlungseinrichtung. Je nach Neigung des Volks erfolgt der Propolis-Einsatz unterschiedlich

Propolis findet sich als braune Auflagerung z. B. auf Rähmchen.

schnell. Die mit Propolis verklebten Gitter ziehen Sie ab und deponieren sie im Tiefkühler. Nach wenigen Stunden können Sie das Gitter dann zum Beispiel über einem Kuchenblech durch leichtes Biegen vom anhaftenden, gefrorenen Propolis befreien.

> Bringen Sie das Propolis in eine anwendbare Form. Da reines Propolis sehr klebrig ist und dauerhafte Flecken hinterlässt, ist es üblich, es in Alkohol (Ansatzalkohol, Obstschnaps oder Wodka) zu lösen. Dazu sollte das Propolis möglichst fein pulverisiert werden, zum Beispiel durch Einfrieren in einer Tüte und anschließendem Zerschlagen mit einem Hammer oder einem Nudelholz. Etwa 50 Gramm Propolis werden auf 100 Milliliter Lösungsmittel gegeben. Diese Lösung sollte über mehrere Wochen in dicht schließenden Flaschen und dunkel gelagert, dabei aber regelmäßig aufgerührt werden. Eine anschließende Filtration über einen Kaffeefilter trennt schwerlösliche und unlösliche Bestandteile ab. In dunklen Flaschen gelagert ist die Lösung vielfältig verwendbar und lange lagerfähig.

Vorsicht bei der Abgabe von Produkten!

Aus Wachs können Kosmetikprodukte wie Cremes, Lippenstifte und Seifen hergestellt werden, während Propolis-Lösungen aufgrund ihrer antimikrobiellen Wirkungen beliebt sind. Sie sollten sich jedoch hüten, solche Bienenprodukte mit heilversprechenden Aussagen zu bewerben. Sie sollten sie auch nicht zur Anwendung am Menschen empfehlen oder konkret zu diesem Zwecke abgeben. Die gesetzlichen Anforderungen sind erheblich, wenn man Produkte zu diesen Zwecken in Verkehr bringt – dazu zählt schon das Geschenk einer Seife über den Gartenzaun! Daher sollten Sie die Kosmetikproduktion auf den Selbstverbrauch beschränken und Propolis nur in Rohform abgeben. Schon die Lösung und Abgabe in unvergälltem Alkohol birgt die Gefahr, dass das Produkt als für den menschlichen Verzehr gedacht interpretiert wird und man sowohl mit der Lebensmittelaufsicht als auch mit dem Finanzamt in Konflikt gerät.

KÖNIGINNEN TAUSCHEN

Die Eigenschaften der Königin bemerkt man am besten an dem von ihr abstammenden Volk. Wer also monatelang mit sehr stichigen Bienen kämpfen musste oder den Schwarmtrieb kaum in den Griff bekommt, sollte sich den gezielten Austausch der Königin vornehmen.

Dazu gibt es verschiedene Möglichkeiten. Zum einen können Sie gezielt nachschaffen lassen. Das ist sinnvoll, wenn Sie Bienenvölker mit gewünschten Eigenschaften besitzen und diese auf das unleidliche Nachbarvolk übertragen möchten.

Übung 13

> Entfernen Sie die Stockmutter und alle etwaigen Weiselzellen aus dem umzuweiselnden Volk.

> Nach etwa zwei Stunden fangen die Bienen an „zu heulen". Diese „Weiselunruhe" zeigt sich in einer höheren Lautstärke des Biens.

> Innerhalb von 48 Stunden werden einzelne Brutzellen, die bis zu drei Tage alte Larven enthalten, blasig erweitert und unter Opferung der angrenzenden Brutzellen zu Königinnenzellen umgebaut. Das Volk will nachschaffen und tut dies nun gern mit den ältesten Larven, mit denen das noch möglich ist.

> Da diese Larven aber noch von der alten Königin stammen, ist es fraglich, ob die Tochter wirklich bessere Eigenschaften als sie besitzt. Brechen Sie daher diese Nachschaffungszellen nach neun Tagen vollständig aus.

> Geben Sie eine Wabe mit junger Brut (aber ohne Arbeiterinnen) aus dem Nachbarvolk mit den gewünschten besseren Eigenschaften in das inzwischen schon geschrumpfte Brutnest des umzuweiselnden Volks. Dieses Rähmchen wird mit einer Reiszwecke markiert.

> Prüfen Sie nach weiteren neun Tagen, ob auf dieser Wabe nun schöne Weiselzellen gebaut wurden. Ist das nicht der Fall oder sollten diese seitlich ausgefressen sein,

so haben Sie wohl eine der ersten Nachschaffungszellen übersehen und die zuerst geschlüpfte Königin hat das Volk bereits von ihren Qualitäten überzeugt. Wenn aber alles nach Plan gelaufen ist, sollten Weiselzellen angezogen worden sein, aus denen die Bienen ihre Nachfolgerin küren werden. Die Methode ist so lang anwendbar, wie paarungsfähige Drohnen in der Luft sind – also zwischen Mitte Mai bis etwa Mitte August.

> Nach dem Schlupf braucht die Königin eine Reifungszeit – nach etwa sieben Tagen fliegt sie zur Begattung aus und beginnt dann erst zögerlich mit der Eiablage. Nach zwei bis drei Wochen sollte das Brutnest der neuen Königin zu finden sein.

Beim Umweiseln wird bereits die Nachfolgerin der alten Königin eingearbeitet. Finden Sie beide?

Die Methode hat den Nachteil, dass eine längere Brutpause entsteht und Sie im Mai/Juni bei starken, schwarmtriebigen Völkern unter Umständen damit rechnen müssen, dass es zum Schwarmabgang mit der Erstgeborenen kommt. Dann sollten Sie überzählige Weiselzellen brechen. Zudem benötigen Sie ein geeignetes, gesundes Spendervolk im gleichen Rähmchenmaß. Dennoch besteht das Risiko, dass die Paarungspartner der Königin für gleichermaßen unerwünschte Nachkommenschaft sorgen und die Aktion am Ende keine Besserung bringt.

Alternativ können Sie auch mit bewährten Königinnen umweiseln. Umweiseln bedeutet, dass die alte Königin umgehend durch eine neue Königin ersetzt wird, sodass es im Idealfall keine Brutunterbrechung gibt.

Solche neuen Königinnen können Sie gezielt bei Züchtern kaufen. Manche Vereine haben bewährte Züchter im Verein oder es gibt Belegstellen in der Nähe, bei denen Sie regional gut angepasste Linien erwerben können.

Man erhält die Königin stets in Begleitung einiger Arbeiterinnen in einem sogenannten Ausfresskäfig. Diese flachen Plastikkäfige sind an einem Ende mit einem Futterteigpfropfen versehen, an dem sich eine von außen ausbrechbare Lasche befindet. Der flache Käfig kann in Wabengassen gehängt werden, und sobald die Lasche ausgebrochen wird, nagen sich die Bienen durch den Futterteig. Innerhalb von zwölf Stunden kann die Königin so befreit und – sofern die Voraussetzungen stimmen – von den Bienen angenommen werden.

Denn was in der Theorie so schön klingt, ist in der Praxis nicht ganz so einfach. Denn so lang das Volk selber eine Königin nachschaffen kann – also junge Brut und Drohnen zur Verfügung hat und über ausreichend Kopfstärke für eine Brutpause verfügt –, wird es immer der eigenen Nachzucht den Vorzug

Zur Weiselprobe können Sie eine Wabe mit Stiften einhängen.

Weiselprobe

Ein klassisches Anfängerproblem ist das Finden der Königin. Wenn Sie sogar die Brut nicht finden oder in dem Beutensystem nur schlecht erkennen können, ist die Weiselprobe ein klassischer Test, ob sich noch eine Königin im Volk befindet. Dazu hängen Sie dem Volk eine Wabe mit junger, offener Brut (Stifte oder maximal drei Tage alte Larven) zu. Schon nach 48 Stunden können Sie erkennen, ob einzelne Zellen zu Weiselzellen umgebaut werden und damit keine Königin im Volk existiert. Allerdings kann die Probe auch versagen, wenn zum Beispiel eine Königin vorhanden ist, aber nicht legt, weil sie zum Beispiel aufgrund eines defekten Flügels nicht zur Verpaarung ausfliegen kann. Die Probe versagt auch, wenn das Volk bereits sehr lange ohne Königin (über vier Wochen) ist und sich schon erste Arbeiterinnen zu Drohnenmütterchen entwickelt haben. Diese beginnen schließlich selbst mit der Eiablage, wodurch ein „buckliges" Brutnest entsteht, aus dem nur Männchen schlüpfen.

geben. Selbst noch so schöne, teure Edelköniginnen überzeugen nicht wie die „zu Hause bei Muttern" gezogenen, selbst wenn das eine Brutpause bedeutet.

Daher ist das Umweiseln nach dem Prinzip „alte raus und neue rein" erst im Oktober zuverlässig möglich. Davor läuft man Gefahr, dass die neue Königin von den Arbeiterinnen eingeknäuelt und abgestochen wird. Um das zu verhindern, kann man die neue Königin über einen Kunstschwarm einweiseln (siehe „Einen Kunstschwarm machen") und anschließend mit ihm vereinigen (siehe „Ein Volk auflösen oder vereinigen"). Sie können auch die neue Königin spät im Jahr (zum Beispiel im Oktober) einweiseln. Dazu entnehmen Sie die alte Königin und hängen die neue in einem Ausfresskäfig ein. Außerdem können Sie die neue Königin anstelle der alten im Rahmen der TBE im Ausfresskäfig dem Flugling zuhängen.

EIN VOLK AUFLÖSEN ODER VEREINIGEN

Ein gängiges Problem beim Start in die Imkerei ist die Kontrolle über die Völkerzahl. Obwohl es doch nur ein Volk werden sollte, werden es in der Schwarmzeit schnell mehr – vor allem, wenn Sie sich nicht gern der alten Königin so undankbar durch „Abdrücken" entledigen wollen. Spätestens nach der Ernte, wenn es an die Wintervorbereitungen geht, stellt sich die Frage, ob wirklich alle Völker eingewintert werden sollen. Wenn im Herbst klar ist, dass das kleine Völkchen nicht durch den Winter kommen wird, sollte man sich ernsthaft mit dem Auflösen oder Vereinigen beschäftigen.

Während „Problemfälle" wie buckelbrütige Völker oder Völker, die wiederholt keine Königin anziehen konnten oder angenommen haben, eher aufgelöst werden sollten, können alle anderen durch Vereinigung gezielt zur Verstärkung genutzt werden. Eine zwingende Voraussetzung ist jedoch, dass das aufzulösende oder zu vereinigende Volk gesund ist!

Übung 14 a: Vereinigen Sie zwei Völker!

Zur Vereinigung zweier Völker benötigen Sie ein Beutensystem, das diese Kombination erlaubt – ein „Zulaufenlassen" über das Flugloch würde ansonsten böse Stechereien auslösen und wäre keinesfalls zu empfehlen.

> Suchen Sie die Königin, die Sie nicht behalten wollen, und entnehmen Sie sie mit dem Abfangkäfig. Wenn Sie hier keine Präferenzen haben, können Sie auch den Bienen die Entscheidung überlassen. Reduzieren Sie das aufzusetzende Volk auf möglichst eine Zarge, damit Sie es leichter heben können.
> Öffnen Sie das stärkere der beiden Völker oder das, dessen Standplatz Sie behalten wollen. Entfernen Sie eventuell vorhandene Absperrgitter und Aufsätze.
> Legen Sie eine Zeitungspapierseite auf und besprühen Sie sie leicht mit Wasser.
> Ritzen Sie das Papier an einigen Stellen an.
> Stellen Sie das andere Volk auf das andere.
> Entfernen Sie nach einigen Tagen die Papierreste und kontrollieren Sie nach etwa zehn Tagen das Brutnest auf Eiablage und Königin. Nun können Sie auch je nach Bedarf umsortieren und das Brutnest zusammen in einer Zarge anordnen.

Übung 14 b: Lösen Sie ein Volk auf!

> Öffnen Sie bei gutem Flugwetter und am besten am Vormittag das aufzulösende Volk und geben Sie kräftig Rauch von oben und über das Flugloch in die Beute.

AUFLÖSUNG UND VEREINIGUNG VON BIENENVÖLKERN

	Auflösen	Vereinigen
Vorausset-zungen	• Volk gesund • gutes Flugwetter • Verwertung des Wabenbaus (inkl. Brut) geklärt	• Völker gesund • kompatible Beutensysteme • Beutensystem mit Magazinen • keine Drohnenmütterchen • günstig im September/Oktober
empfohlen bei	• Drohnenbrütigkeit • Buckelbrütigkeit • gescheiterte Umweiselung • hohe Varroa-Belastung der Brut • inkompatible Beutensysteme oder nicht kombinierbares Haltungssystem • Brutfreiheit des aufzulösenden Volks • dunkles, auszusonderndes Wabenwerk im aufzulösenden Volk	• (zu) kleinen Völkern • Umweiseln • Weisellosigkeit eines Volks von weniger als vier Wochen • gewünschte Bestandsreduktion, vor allem spät im Jahr oder bei fluguntauglicher Wetterlage • Verstärkung im Frühjahr zu großen, sammel-freudigen Völkern

> Warten Sie fünf bis zehn Minuten und geben Sie immer wieder mal etwas Rauch, damit sich die Bienen den Bauch mit Honig vollschlagen.

> Drohnenbrütige Königinnen können Sie entnehmen. Sie werden aber in der Regel ohnehin von keinem Volk eingelassen werden. Wenn Sie hingegen Buckelbrut feststellen oder die Anwesenheit von Drohnenmütterchen befürchten, sollten Sie das Volk gut entfernt von Ihren anderen Bienenvölkern auflösen. So verhindern Sie, dass die Drohnenmütterchen den Weg zu Ihren anderen Völkern finden. Zudem sollten Sie zur Auflösung eine ungestörte Stelle wählen, da sich die Bienen manchmal um die Drohnenmütterchen zu kleinen Bienentrauben sammeln und da durchaus einige Tage bleiben können.

> Fegen Sie alle Bienen komplett von den Waben. Die Bienen werden auffliegen und sich bei den naheliegenden Völkern dank des vollgeschlagenen Honigmagens erfolgreich einbetteln können. Bei der Auflö-sung gibt es in der Regel keine flugunfähigen Jungbienen mehr, sodass das abgefegte Volk in Kürze abgeflogen ist. Da viele Bienen an den alten Standort zurückfliegen, sollte dort keine Beute mehr stehen.

Buckelbrut zeigt sich als oft vereinzelte und deutlich hervorstehende Zelle auf einer Arbeiterinnenwabe.

Aus Fehlern lernen: Autopsie

Stirbt ein Volk, so steht gerade die Einsteigerin oft ratlos und Rat suchend davor – was ist schiefgelaufen? Trösten Sie sich – nicht bei jedem Verlust steht die Ursache vor der Beute, und selbst erfahrene Imker und Imkerinnen kommen gelegentlich mit weniger Völkern aus dem Winter als geplant. Gehen Sie daher forensisch vor und sichern Sie den Tatort mit Fotos vom Flugbrett, den Waben (von beiden Seiten und wirklich jeder Wabe) und dem Gemüll auf dem Boden. Sammeln Sie alle toten Bienen und sortieren Sie sie auf einer hellen Unterlage. Suchen Sie nach Auffälligkeiten wie verkürzten Hinterleibern oder deformierten Flügeln. Suchen Sie dabei die Königin – ist es die von Ihnen gezeichnete?

Bestimmen Sie die Gesamtzahl der Bienen zum Beispiel durch Wiegen und waschen Sie eine definierte Bienenmenge (zum Beispiel 50 oder 100 Gramm) mit Wasser und einem Tropfen Spülmittel unter Schütteln aus. Das Spülwasser gießen Sie durch ein Sieb mit Küchenkrepp, sodass Sie die Milbenanzahl bestimmen können. Wie viele sind es auf wie vielen Bienen? Inspizieren Sie die Waben und frieren Sie auffällige Waben und unbehandelte Bienenproben für eventuelle spätere Untersuchungen ein.

Ist noch Brut vorhanden? Öffnen Sie geschlossene Brutzellen und dokumentieren Sie, was dort zu sehen ist. Kotspritzer und Lage/Menge des Futters sollten dokumentiert werden. Die komplette Beute sollten Sie anschließend gründlich reinigen und Futterwaben keinesfalls zur Fütterung in andere Völker hängen. Wachsverarbeiter nehmen solche nur aufwendig aufzuarbeitenden Waben gern an und entseuchen das Wachs professionell. Besprechen Sie Ihre Funde mit erfahrenen Imkern und Imkerinnen aus Ihrer Region, falls Sie sie nicht direkt zur Leichenschau hinzuziehen können.

Jeder Verlust ist nur dann zu betrauern, wenn man nichts daraus lernt – lernen Sie und teilen Sie das Gelernte!

Rendezvous mit Mr. Bien – das neue Imkerinnenjahr hat begonnen!

Serviceteil

Zum Weiterlesen

WEBSITES

Beuten

Imkergerechte Magazinbeute:
www.imkerbeute.de
Vario-Bienenbeute:
www.bienen-lutz.de
Bienenkiste:
www.bienenkiste.de
Bienenkugel:
www.bienenkugel.de
Bienenbox:
www.bienenbox.de
Warré-Beute:
www.warre-bienenhaltung.de
Top-Bar-Hive/Golz-Beute:
www.top-bar-hive.de
Mellifera-Einraumbeute:
www.mellifera.de/einraumbeute
Hinterbehandlungsbeute:
www.imkerhomepage.de/
die_imkerei/die_imkerei.html
Einteiliger Brutraum (Großraumbeuten wie
Deutsch Normal 1,5 u.a.):
www.imkberlin.de

Kosmetik und Met

Seifen herstellen und Rezepte:
www.naturseife.com
Honigwein (Met) herstellen:
www.honigweinkeller.de

LITERATUR

Frölich, Guido (2014): Imkern in der Oberträ-
gerbeute. Natürlich, einfach, anders. Verlag
Eugen Ulmer, Stuttgart.
Kohfink, Marc-Wilhelm (2010): Bienen halten in
der Stadt. Verlag Eugen Ulmer, Stuttgart.
Ritter, Wolfgang (2016): Gute Imkerliche Praxis.
Artgerecht, rückstandsfrei und nachhaltig.
Verlag Eugen Ulmer, Stuttgart.
Ritter, Wolfgang (2016): Bienen gesund erhal-
ten. Krankheiten vorbeugen, erkennen und
behandeln. 2. Aufl. Verlag Eugen Ulmer,
Stuttgart.
Schroeder, Annette (2012): Gesundes aus Honig,
Pollen, Propolis. Heilmittel, Kosmetik und
süße Versuchungen. Verlag Eugen Ulmer,
Stuttgart.
Seeley, Thomas D. (2015): Bienendemokratie.
Verlag Fischer Taschenbuch, Frankfurt a. M.
Spürgin, Armin (2014): Bienenwachs. Gewin-
nung, Verarbeitung, Produkte. 2. Aufl. Verlag
Eugen Ulmer, Stuttgart.
Tautz, Jürgen (2012): Phänomen Honigbiene.
Spektrum Akademischer Verlag, Heidelberg.
von Orlow, Melanie (2017): Natürlich imkern
in Großraumbeuten. 3. Aufl. Verlag Eugen
Ulmer, Stuttgart.

ZEITSCHRIFTEN

Deutsches Bienen-Journal, Deutscher Bauern-
verlag, Berlin.
bienen & natur. Deutscher Landwirtschafts-
verlag, Hannover.

ZUMUTBARE LASTEN BEIM HEBEN UND TRAGEN (NACH HETTINGER)

Lebensalter	Zumutbare Last in kg / Häufigkeit des Hebens und Tragens			
	gelegentlich		häufiger	
	Frauen	Männer	Frauen	Männer
15–18 Jahre	15^1	35^1	10^2	20^2
19–45 Jahre	15^1	55^2	10^2	30^2
> 45 Jahre	15^1	45^2	10^2	25^2

1 Grenzwerte, die im Normalfall ohne Gesundheitsgefährdung nicht überschritten werden dürfen
2 Werte, die aus ergonomischer Sicht empfohlen werden
Gelegentlich = höchstens zweimal je Stunde bis zu 4 Schritte
Häufiger = mehr als zweimal je Stunde oder Transportwege von mehr als 4 Schritten

Tabelle nach Hettinger, Theodor: Handhabung von Lasten. Carl Hanser Verlag 1991

Über die Autorin

Dr. Melanie von Orlow studierte unter anderem Biologie. Seit ihrer Kindheit beschäftigt sie sich mit Bienen & Co. Sie ist Sprecherin der NABU-Bundesarbeitsgruppe Hymenoptera. Ihre Arbeit wurde bereits mehrfach ausgezeichnet.

Register

Bibliografische Information der Deutschen
Nationalbibliothek
Die Deutsche Nationalbibliothek verzeichnet
diese Publikation in der Deutschen National-
bibliografie; detaillierte bibliografische Daten
sind im Internet über http://dnb.d-nb.de
abrufbar.

Titelfoto: Ines Meier, Berlin

BILDQUELLEN

Die Bilder auf dem Umschlag und alle im
Innenteil stammen von Ines Meier, Berlin,
mit Ausnahme von:
S. 17, 21, 27 rechts, 32, 34, 44, 50, 52, 54, 55,
66, 69, 70, 71, 74, 75, 79 links, 81, 82, 84, 85,
89, 93, 96, 97, 100, 103, 106, 108, 115, 118
und 119: Dr. Melanie von Orlow

© 2017 Eugen Ulmer KG
Wollgrasweg 41, 70599 Stuttgart
(Hohenheim)
E-Mail: info@ulmer.de
Internet: www.ulmer-verlag.de
Lektorat: Bettina Brinkmann
Herstellung: Gabriele Wieczorek
Umschlagentwurf und Satz:
Atelier Reichert, Stuttgart
Druck und Bindung: Firmengruppe APPL,
aprinta druck, Wemding
Printed in Germany

ISBN 978-3-8001-0875-6